蝶はささやく

鱗翅目とその虜になった人びとの知られざる物語

ウェンディ・ウィリアムズ
的場知之 訳

青土社

1　イェール大学にて、蝶を収めた標本箱を手にするラリー・ゴール。

2　陽だまりで翅を広げて休むオオカバマダラ。

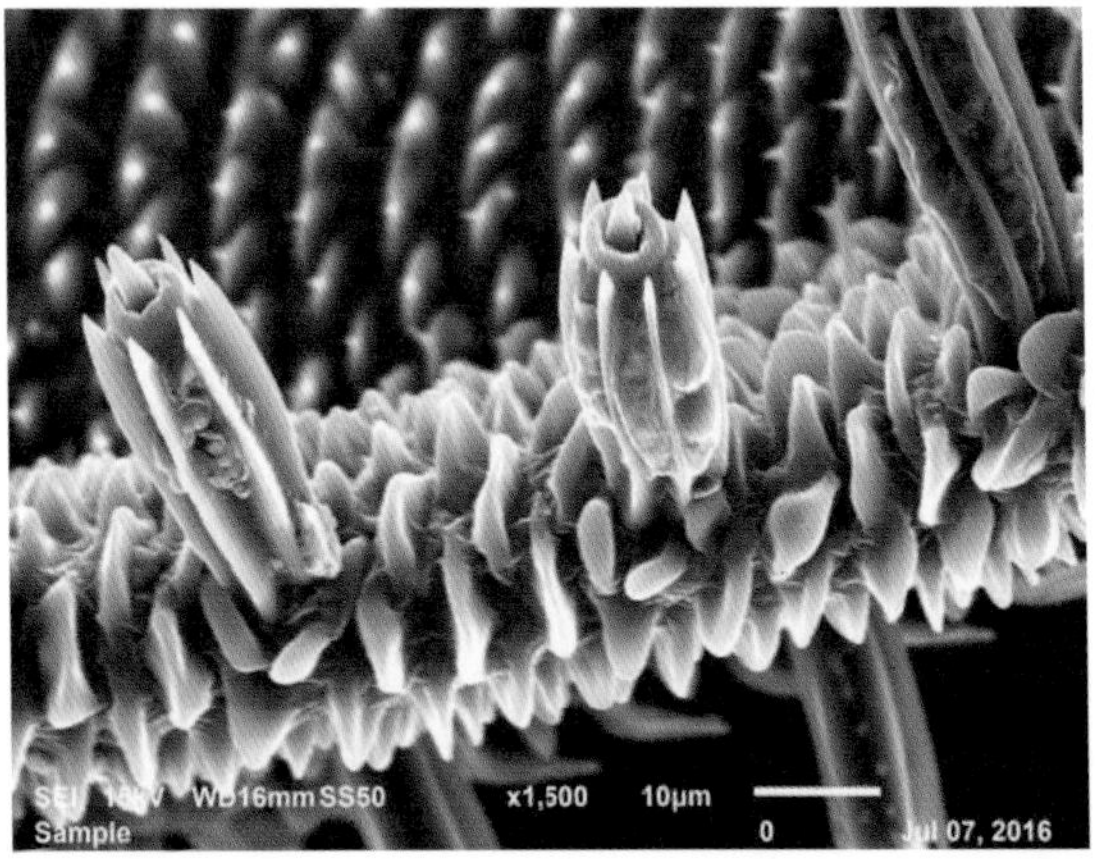

3　アタラ *Eumaeus atala* はかつては絶滅したと考えられたが、驚異的な復活をとげた。走査型電子顕微鏡で撮影されたこの写真は、アタラの吻の先端を写したものだ。おどろおどろしい見た目の棘には神経が通っていて、食料と思しきものの表面を「味見」する。ヒトが味蕾で食べ物の味を感じるのと同じだ。

4　ハックベリーバタフライ *Asterocampa celtis* の吻にある花のつぼみのような棘を捉えた走査型電子顕微鏡写真。この蝶が腐った果物に吻をあてると、毛細管作用によって暗色に写っている部分に食料が移動し、さらに中心の食料の通り道（food canal）へと達する。

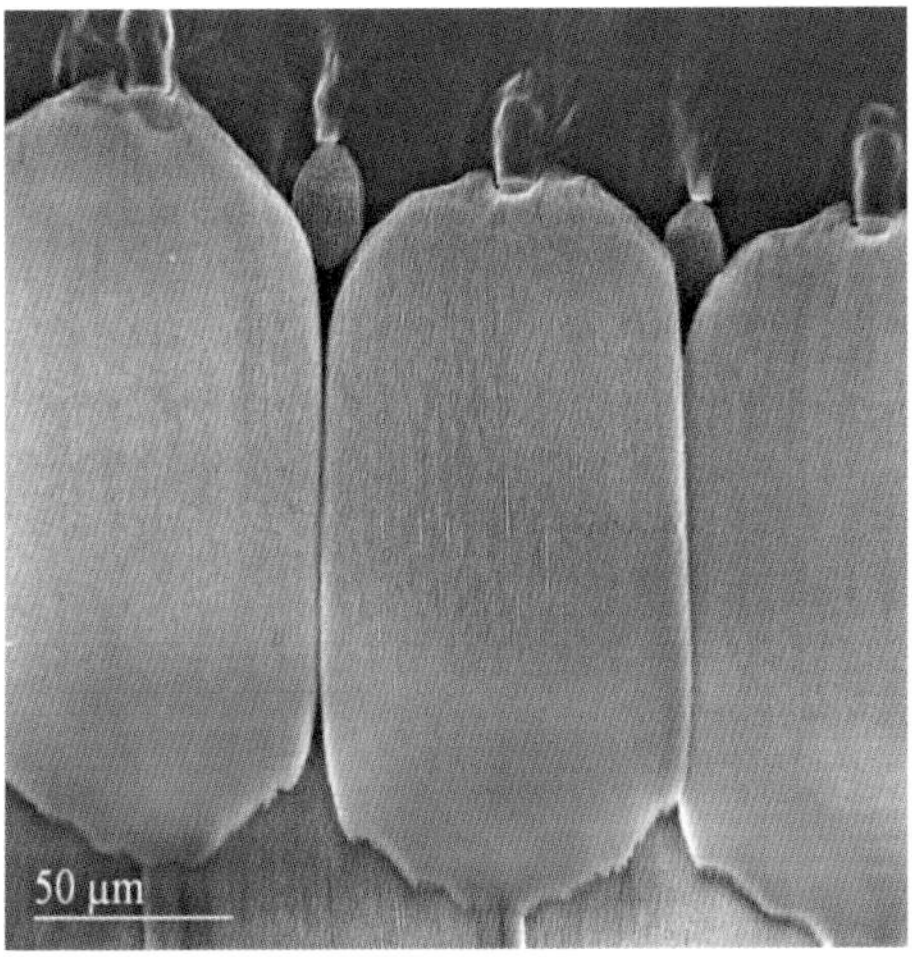

5　ブルーモルフォの鱗粉を写したこの写真からは、「クリスマスツリー構造」の先端が連なって形成される特徴的な畝が確認できる。

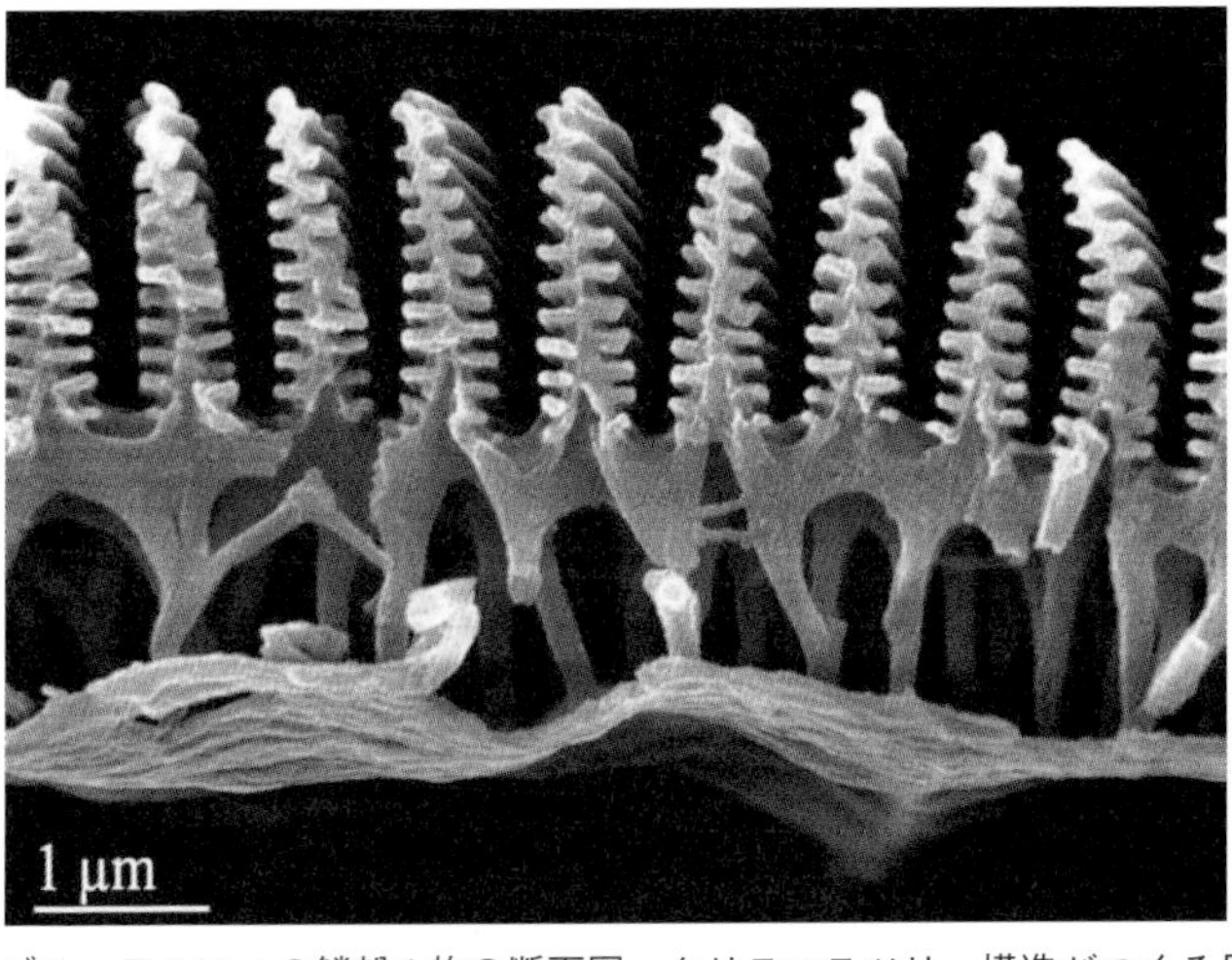

6　ブルーモルフォの鱗粉1枚の断面図。クリスマスツリー構造がつくる目の覚めるような美しさが、マリア・シビラ・メーリアンを魅了した。

7　古生物学者の
グウェン・アンテル。

8　昆虫学者の
マシュー・レーナート。

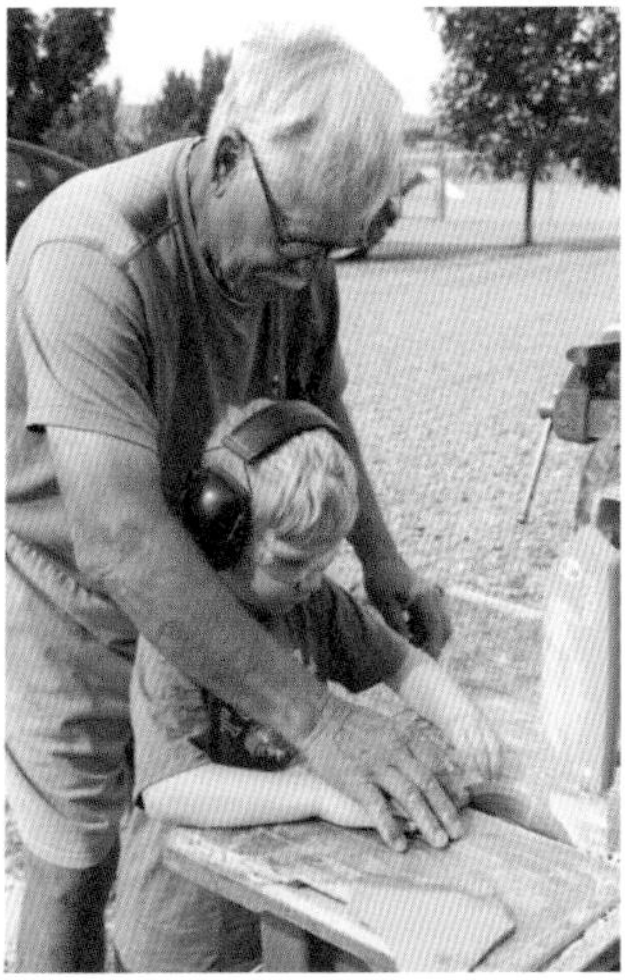

9　化石コレクターのジム・バークレーが、未来の古生物学者ハンス・スノートハイムに、採集したばかりの化石のクリーニングのやり方を教えているところ。

10　ジム・バークレーの調査地。

11　トウワタとオオカバマダラの関係の細部を説明する生態学者のアヌラグ・アグラワル。

12　オオカバマダラのメスはふつうトウワタの葉1枚につき根元にひとつ卵を産む。写真のケースは例外で、トウワタのつぼみ1つに3個の卵が近接して産みつけられている。シチズン・サイエンティストで写真家のキャロル・コマッサによれば、これは「卵の在庫処理」の一例かもしれない。命が尽きる間際の疲れ切ったメスは、死ぬ前にできるだけたくさんの卵を産もうとするのだ。

13　著者のジャケットにとまる、ややくたびれたブルーモルフォ。

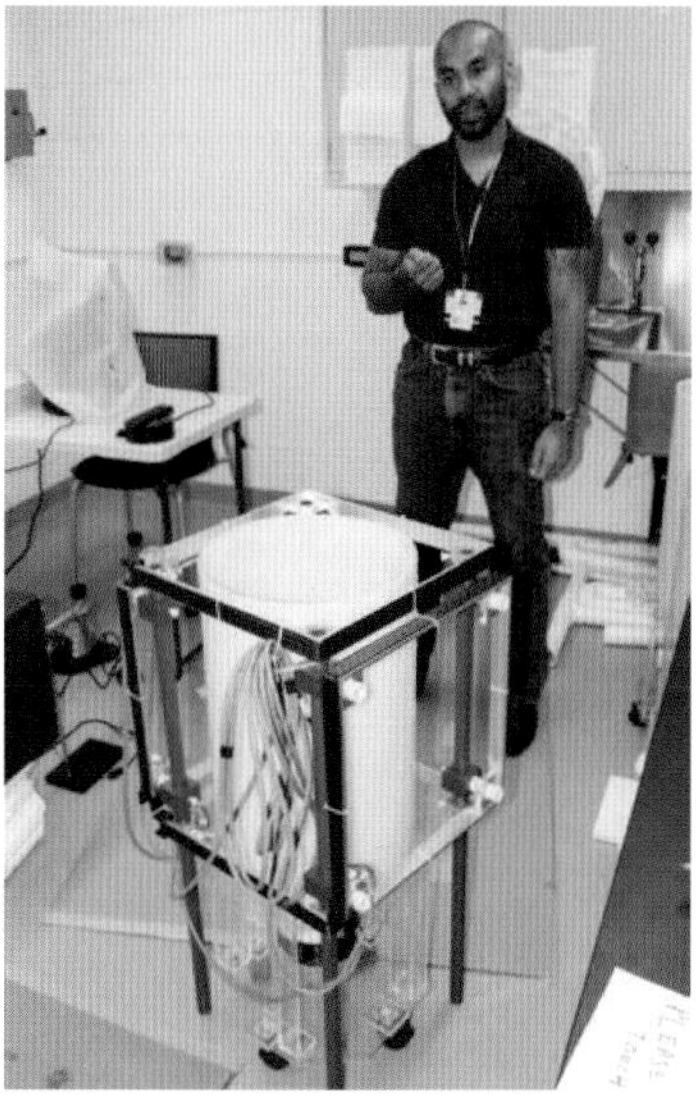

14　オオカバマダラ研究者のパトリック・ゲラは、蓋のない樽状の装置を使って飛翔時の方向定位を研究している。

15　在来野草の種子の採集について話し合う、チップ・テイラーとセネカ＝カユガ族のアンドリュー・ゴード。

16　集結するオオカバマダラを眺める観光客。

17　メキシコにて、地面に集まり陽光を浴びるオオカバマダラ。

18　メキシコ・ミチョアカン州にあるオオカバマダラ生物圏保護区のエル・ロサリオでは、遊歩道の入口でオオカバマダラをかたどった土産物が売られている。

19　このメキシコの登山道の先には、無数のオオカバマダラがひしめきあって標高3300メートルの山中で越冬する壮大な光景が待っている。

20　自身のコレクションのひとつであるブルーモルフォの標本箱を掲げる、ウッズホール海洋生物学研究所所長のニパム・パテル。

21　孵化したばかりのオオカバマダラの幼虫は、手頃な最初の餌として卵の殻を食べる。

22　卵から出てきた幼虫は小さく半透明で、どうにか目に見える程度だ。

23　ひときわ美しいブルーモルフォの1種*Morpho cypris*。

24　吸蜜している最中には、吻の先端に液体の滴ができる。

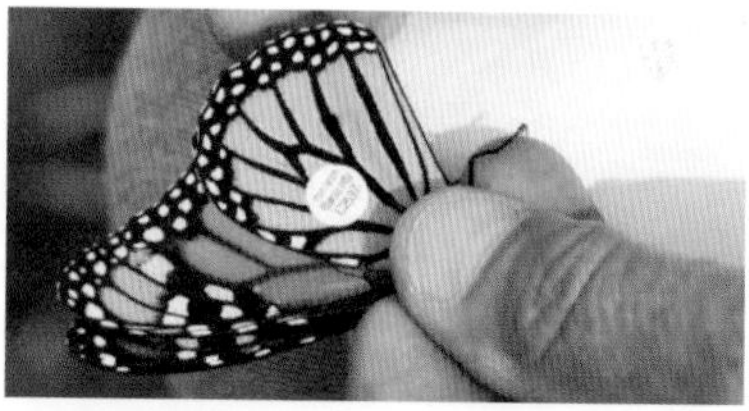

25 （左）オオカバマダラを研究する生物学者のデヴィッド・ジェームズが、捕獲した蝶にタグをつける方法を説明する。26 （右上）オオカバマダラにつけたタグを見せるデヴィッド・ジェームズ。27 （右下）捕獲したオオカバマダラの翅を優しく広げて見せるデヴィッド・ジェームズ。

28 3000万年以上前のフロリサントを舞うプロドリアス・ペルセポネ *Prodryas persephone* の復元画。

29　ウラジーミル・ナボコフが愛した小さなカーナーブルー *Plebejus melissa samuelis* は、ニューヨーク州のオルバニー・パインブッシュ保護区で絶滅の淵から蘇った。

30　カーナーブルーに必要不可欠なルピナスがオルバニー・パインブッシュ保護区の野原に繁茂しているのは、慎重に計画された定期的な野焼きのおかげだ。

31　スリナムの昆虫に関するマリア・シビラ・メーリアンの大著の初版本を眺める、米国立自然史博物館の学芸員マイ・ライトマイヤー（左）と著者。

32　ピズモビーチにて、枝に集結して越冬態勢のオオカバマダラ。

33　スリナムの昆虫に関するマリア・シビラ・メーリアンの著書の口絵52。花と熟した果実をつけたオレンジの樹に、ロスチャイルドヤママユ *Rothschildia erycina* の幼虫、繭、成虫が描かれている。「つまりこれらの幼虫をどうにかして集めれば、良質の絹を生産でき、大きな利益が手に入るのだ」

34　スリナムの昆虫に関するマリア・シビラ・メーリアンの著書の口絵11。大型のヤママユガである*Arsenura armida*のさまざまな成長段階が「柵の樹」の上に描かれている。メーリアンによれば、現地の人々はこの樹を建材として使っていた。雌雄が描き分けられており、「下の小さい方がオス、上の大きい方がメス」と、彼女は記している。

蝶はささやく　目次

第2部　現在

第3部　未来

蝶はささやく　鱗翅目とその虜になった人びとの知られざる物語

リンカーン・ブラウワー（1931-2018）と
殺害された活動家オメロ・ゴメス・ゴンサレス（1970-2020）に
本書を捧ぐ

母なる自然は6つ足を偏愛している

マイケル・S・エンゲル*

序章

色彩は魂に直接作用する力である。
――ワシリー・カンディンスキー(1)

ずっと昔、ロンドンで極貧生活をしていた二〇歳の頃のわたしは、お金を使わない暇つぶしとして世界最高峰の芸術作品を集めたテート・ギャラリーにふらりと入り、そこでJ・M・W・ターナーの傑作に出くわした。

わたしは圧倒された。衝撃に言葉を失った。

きらめき、揺らぎ、悲鳴をあげながら、黄色とオレンジと赤が渦巻き、海上の戦艦のぼやけた輪郭を包み込むその絵は、わたしを虜にした。

ターナーの作品を見たことがある人ならおわかりだろう。彼の作品は、人間の精神の隠れた亀裂に侵入する。未知なる神経回路を刺激され、現実を超越するその経験からは逃れようがない。生物学的反応、進化が課した必然だ。科学者が発見したのはつい最近でも、芸術家ははるか昔から、色への渇望を直感的に理解していた。この密かな欲望が満たされたとき、わたしたちは唯一無二の恍惚とした催眠状態に陥る。

ターナーの作品を前に、わたしはすっかり眩惑された。

わたしはどうにかこの謎めいた感覚の核心に近づこうと試みた。それは純粋な体験だった。わたしは芸術にはまるで疎かった。無知で、ターナーが誰かもわからず、印象派の礎を築いた天才と評価されていることなど知る由もなかった。彼の作品を崇め奉る用意はまるでなかった。一生に一度の経験だ。

たとえるならファーストキス。これほどまでに甘美で崇高な衝撃を、無防備な心で受け止めることは、もう二度とない。

そう思っていたのだが……

わたしは二度目の不意打ちを食らった。今度の現場はイェール大学のラリー・ゴールのオフィスだった。狂気と興奮と危険に満ちた蝶マニアの世界に興味をもち、わたしはゴールに会いに来た。すらりとして眼鏡をかけた彼は、コンピューターのエキスパートであり、数世紀分におよぶ蝶、蛾、イモムシの標本コレクションの管理責任者でもある。世界中からイェール大学に集められた無数の箱には、丁寧にピンで留められた鱗翅目すなわち蝶と蛾の標本が、熱情のこもった記録とともに納められている。

ターナーの作品と同じく、これらの箱も傑出した芸術作品だ。だが、わたしを虜にしたターナーの海を描いた大型絵画とは異なり、箱は何十年もの間、温湿度管理の行き届いた何百という抽斗にしまい込まれていた。蝶に取り憑かれた「依存症患者」たちが収集し、世界各地のジャングルや密室やラボで孤独な作業を積み重ねた結晶だ。なかには一八世紀にさかのぼるものまであった。

これらをつくりだした芸術家は、明らかに色に心酔し、緻密なディテールに執着していた。万華鏡のような標本の山は、何百人もの人々が想像を絶する集中力を発揮し、机にかじりついて過ごした、生涯にわたる献身的な仕事の賜物だ。

人生を変えたターナーへの一目惚れから四〇年以上の時を経て、わたしは再び衝撃に圧倒された。もっと見たい。もっともっと。

見るべきものはいくらでもあった。イェール大学は文字通り数十万点の蝶と蛾の標本を有する。標本箱を納めた抽斗は床から天井まで積み重なり、こうしたキャビネットが何列も何列も続く。いつか宇宙のどこかで、わたしたちのいる天の川銀河の中にいるか外にいるかもわからない、おそらくまだ生まれてもいない未来の研究者が、調査のために必要とする時を待っているのだ。

ピン留めされた標本が整然と並ぶ箱のひとつひとつが、たった一種だけのために使われている。とくによく整理された箱については、それぞれの標本がいつどこで採集されたかも記録されている。

ゴールは根気よく、蝶でいっぱいの抽斗を次々に開けていった。ターナーの絵画のときと同じで、わたしは目の前にあるものを理解しようと必死だった。昆虫の死骸でいっぱいの抽斗が、こんなにも甘美で感性に訴えかけ、このうえなく官能的だなんて、まったく知らなかった。

蝶依存症患者のひとりであるゴールも、やがて絶え間ないわたしの「なぜ、なぜ」攻勢にうんざりしたようで、丁重に、穏やかに、しかし断固としてわたしを無視するようになった。

　こうしてわたしは（本来の意味ではないが）バタフライ効果が本当にあるのだと知った。ヒトの脳の奥底に組み込まれた色への渇望は、依存症へと進行しうる。何人かの鱗翅目愛好家の並外れた欲求について手の届く範囲で調べるつもりが、わたし自身の衝動に火がついてしまった。ほとんど目に見えないほど小さなものから、翼開長三〇センチメートルに達するものまでいる、この奇妙な空飛ぶ生き物たちの正体はいったい何なのだろう？

　たいていの人がそうだと思うが、わたしの人生も蝶と無縁ではなかった。ロッキー山脈の合間やバーモント州の花が咲き乱れる野原を馬に乗って進んでいたとき、そばにはいつも蝶がいた。わたしが生まれ育ったペンシルベニア州の草地ではあちこちで姿を見かけたし、セネガルに住んでいたときも、ジンバブエやケニアや南アフリカに旅をしたときもそうだった。どこにいても、雑草と野花のなかを歩くたび、蝶が舞い上がった。アパラチア山脈のトレイルを踏みしめたときも、ケープコッドの砂浜をぶらついたときも、そこには蝶がいた。

　もちろん姿は見ていたし、昔から蝶は好きだった。嫌いな人なんていないだろうか？　でも当たり前のものとして、わたしは気にも留めていなかった。本当の意味で、じっくりとは見てはいなかったのだ。かれらはどこから来たのだろう？　どうしてここにいるのだろう？　この地球上で何をしているのだろう？　そしてかれらのいったい何が、ヒトの心をこれほどまでに鷲掴みにし、財産や時には命を投げ打ってでも、絶対に捕まえたいと思わせるのだろう？

好奇心の赴くまま、わたしは世界を旅した。実際に現地を訪れ、文献を読み、たくさんの研究者たちと電話で話した。かれらはみな、わたしが話す「蝶に目覚めた」体験がどんなものかをよくわかっていた。眼前の霧が晴れるにつれ、まったく新しい世界が姿を現した。

わたしは理解した。蝶の言語は色の言語だ。目の眩むような鮮烈さで、かれらはたがいに話しかける。時々わたしは、蝶こそが世界で最初の芸術家ではないかと思う。幸いわたしたち人間も、同じ色の言語に楽しみを見いだせる。わたしたちはこの六つ足の生き物たちと、太古の昔からパートナー関係を結び、そのおかげで二〇万年にわたってこの星で生きながらえてきた。

蝶と人の関係はいまなお続いている。一七世紀の蝶の研究は、わたしたちの自然観に革命をもたらし、現在は生態学と呼ばれている科学の一分野の礎を築いた。その基盤をつくりあげたのは、誰よりも几帳面できっちりした一三歳の少女だった。

蝶の秘密を紐解くことで、わたしたちは進化のしくみをより深く理解するようになった。それだけでなく、蝶とほかの生物の関係は地球の生命維持機能を担い、蝶はいまもさまざまな実用的な形でわたしたちを支え、さらには医療技術の画期的な新モデルを提供して、わたしたちの生活を改善している。例えば蝶の鱗粉から着想を得た材料工学者たちは、ぜんそく患者に役立つ装置をデザインした。

こうした数々のサプライズが、わたしの好奇心をさらに刺激した。本書のプロジェクトを始めたとき、わたしは蝶について書くだけならシンプルだろうと思っていたが、大間違いだった。蝶はすばらしく複雑な生物で、一億年以上にわたって進化を続けてきた。かれらの謎を解き明かすわたしたちの試みは近年大きく進展したとはいえ、ユニークな特徴のなかにはまだまだ理解が進んでいないものも多い。

悲しいかな、さまざまな理由で蝶と蛾の個体数は減少しており、なかには激減している種もいる。減少要因は多岐にわたるが、これ以上の減少を防ぐためにできることもたくさんある。蝶がいなくなることは地球規模の悲劇だ。美しいものが失われるというだけではない。かれらは自然のシステムを健全に保つ、不可欠な役割を担っているのだ。

幸い、蝶の保全に関しては、すでに研究に基づく多くの成果があがっている。未来に希望は残されている。世界中にいる数百人の研究者のネットワークや、数千の蝶愛好家のグループが、好ましい変化をもたらしている。

いま何ができるのか、それは本書を読めばわかるはずだ。

第1部　過去

第1章　ゲートウェイ・ドラッグ

鱗翅類学者は、自分の家族の顔と同じくらい、チョウの翅の斑点とまだら模様にくわしい。知り合いの鱗翅類学者に至っては、実際、家族の顔についてよりも、チョウの模様にくわしかった。

——リチャード・フォーティ『乾燥標本収蔵一号室』(1)

ハーマン・ストレッカー(2)は、どこからどう見ても奇妙な人物だった。面長で首も長く、あごひげはそれに輪をかけて長く伸び放題で、外見はまるでモーゼだった。眼は深く落ちくぼみ、表情は悲壮感に満ちていた。狂信者らしい荒れた人生を送った彼は、ズボンもブーツも履いたままベッドにもぐりこんだ。

日中の彼は貧しい石工で、子どもたちの墓石に天使の彫刻を施すのを得意とした。しかし夜になると、ストレッカーは深く暗い欲望の奥底へと沈んだ。その強欲な衝動は、やがて彼の存在そのものを飲み込んだ。金を所有したがる人もいれば、衣類や車や切手、それに政治家とのコネを求める人もいる。

ストレッカーは蝶を求めた。鱗翅目（ラテン語で蝶と蛾の総称をLepidopteraといい、lepidoはギリシャ語で「鱗」を意味する。詳細は後ほど）だ。彼は地球上のすべての種の蝶の標本を、少なくとも一点ずつ手に入れたいと熱望した。そして惜しいところまでいった。捨て鉢な感情に振り回された生涯を一九〇一年に終えるまでに、彼は五万点の標本をかき集めた。そんなにたくさんのものを自宅に集めるなんて、わたしには想像もできない。それ以外のものが入り込む余地はほとんどなかったはずだ。

それでも、英国の銀行家の御曹司ウォルター・ロスチャイルド卿の二二五万点のコレクションに比べると見劣りする。ストレッカーと同時期に活動したウォルター卿は、当時地球上でもっとも裕福な人物のひとりだった。彼はコレクションの収蔵に特化した施設を保有し、管理を担う職員たちを雇った。ストレッカーは明らかに「上位一％」のひとりではなかった。にもかかわらず、ストレッカーのコレクションは当時北米で最大だった。極貧の経済状況を考えれば、ピン留めされた蝶の死骸の一部は、けっして広くない彼の住居のどこかに隠されていたのだろう。

ストレッカーはヴィクトリア時代の申し子だった。彼が亡くなったのは、ヴィクトリア女王の逝去と同じ年だ。幼い子どもたちを亡くし、赤貧にあえぎ、愛した女性にも先立たれ、極限の飢えと辛酸を耐え忍んだ彼の悲劇の生涯は、エドガー・アラン・ポーの小説から抜け出てきたかのようだ。彼は墓石彫刻家としてフィラデルフィアの顧客の邸宅の通用門にワタリガラスを彫ったこともあった。ポーの『大鴉』の主人公がじわじわと狂気に陥ったように、ストレッカーもひどく気落ちしやすかった。そうした傾向は、年を重ねるほどひどくなっていった。

彼はかつて自身を「貪欲」だと評した。[3] 触れるものすべてを黄金に変える力を手にしたミダス王のように、彼はけっして満たされなかった。なかなか手に入らない異国の蝶を探すとき、「わたしの魂は焦がれる」[4]と、彼は友人に語った。ある人から贈られた念願のトリバネアゲハを手にしたとき、彼は次のように書いている。「この壮麗な蝶を目にしたときのわたしの心情は表現のしようがない。幼い頃からの夢がついに叶ったという思いに尽きる。五歳の頃からわたしは、この緑色の蝶を何としても手に入れたいと切望し、苦悩してきた」。ところが別の手紙では、彼はこう問いかけた。「神はなぜわれわれに飽くなき欲望を植えつけたうえ、それを満たす手立てを奪ったのか?」[5]

子どもの頃、ストレッカーはフィラデルフィア自然史博物館で高価な蝶の手描き図録を見せてもらったことがあった。一八〇〇年代前半、米国北部の文化はモノクロだった。薪や石炭を燃やした煙のすすが都市や町を覆い、人々の装いも超富裕層を除いて黒や灰色だった。印刷物の世界にも色はなかった。

一方、手描きの書物は目を見張るほど絢爛豪華で、はるか遠い熱帯の国々に棲むエキゾチックな蝶たちが描かれていた。言ってみれば、初期ヴィクトリア時代の超大作映画だった。

幼いストレッカーを想像してみる。彼はきっと、ターナーを前にしたわたしと同じように、こうした本に圧倒されたのだ。すすと貧困と絶望に覆われたくすんだ世界に、色彩の女神が舞い降りた。彼は家の近所で蝶を捕まえ、板にピンで留めて保存するようになった。採集に熱をあげる姿は父親を怒らせた。父からどれだけ殴打されても、美と陽光に魅せられたストレッカーはやめようとしなかった。いや、きっとやめることなど不可能だったのだ。

ストレッカーだけではなかった。ヴィクトリア時代には、神の創造物を採集し名付ける営みを、社会階層を問わず誰もが楽しんでいた。ヨーロッパと北米のどこをみても、昆虫採集は健全な趣味であるばかりか、神とその地上の作品を讃える手段のひとつであり、娯楽に眉をひそめるような気難しい文化圏でも受け入れられていた。

それどころか、人間には「記録の義務」[6]が課せられていたと、古生物学者のリチャード・フォーティは著書『乾燥標本収蔵一号室』で述べている。同書はロンドンの自然史博物館のバックヤードにいまなお（時に大混乱状態で）眠る秘宝にまつわる回顧録だ。

「義務」は聖書の教えに基づいていた。ヴィクトリア時代の人々は、創世記の一節について、神は生きとし生けるものすべてを創り、アダムにそれらを名付けるよう命じたと解釈した。当然ながら、名付けるためにはまず収集しなくてはならない。

「ヴィクトリア時代、収集への熱狂が巻き起こった」[7]と、ジム・エンダースビーは著書『帝国の自然（Imperial Nature）』で述べた。「貝殻、海草、花、昆虫から、硬貨、サイン、本、バスチケットに至るまで、ヴィクトリア時代はあらゆる階級の人々が宝物を収集し、分類し、陳列して、不要なものをほかの愛好家たちと交換した」（バスチケットまで？）

これにともない、ただ楽しみのためだけに屋外で過ごす風潮も高まった。米国のヴィクトリア時代の詩人ウォルト・ホイットマン〔訳注：「自由詩の父」とされる米国の詩人。一八一九～一八九二〕はこれを「蝶の楽しき時(8)」と呼んだ。けれども、なかには単なる文化的表現活動の域をはるかに超えて収集にのめりこみ、遺伝的要因があるのではと考えたくなるような人もいた。

一九世紀後半、ほとんどのベテラン蝶愛好家たちは（かなりたくさんいたのだが）おたがいの存在を知っていた。かれらは定期的に文通していた。ストレッカーも北米における第一人者と広く認められていて、グループの一員だった。だが、やがてほかの愛好家たちは、ストレッカーが他人のコレクションを訪ねるたび、一つ二つ標本を盗み出しているのではと疑いはじめた。こうして彼はつまはじきにされるようになった。

彼は毒舌家になった。同業者を猛然と非難し、相手も負けじと言い返した。彼を「昆虫採集界のクモ」と呼ぶ人もいた。一八七四年、一時は彼の友人だったある愛好家が、ストレッカーは米国自然史博物館の前身にあたる施設から標本を盗み出したと告発した。この一件は「セントラルパーク問題」と呼ばれるようになった。告発者は蝶採集界の権威であり、業界人のほとんどが彼を信じた。

告発の内容は次のようなものだった。ストレッカーはエイブラハム・リンカーンのようなストーブパイプハットをかぶっていた。噂によると、帽子の中にはコルク板が仕込まれていて、彼はそこに盗み出した標本をピンで留めた。裏付けは何もなかったが、多くの博物館は彼の収蔵室への出入りを禁じた。彼の死後一世紀が過ぎても犯罪の証拠は見つからなかった。彼は人並み外れた個性のせいで嫌疑をかけられただけの可能性もある。あまりに深い情熱があだとなって、同業者からも孤立したのかもしれない。

ストレッカーは辛辣な人物として世を去った。彼のコレクションは現在、六万点の書簡や書籍とともにシカゴのフィールド博物館に収蔵されている。これを生涯にわたる献身の成果とみるか、依存症の証拠とみるかはあなた次第だ。

著書『バタフライ・ピープル（Butterfly People）』でストレッカーの足跡をたどったウィリアム・リーチによれば、ストレッカーは蝶採集界の「破戒者」だった。リーチの考えでは、ストレッカーは窃盗犯ではなかったが、好戦的な性格のせいでほかの収集家との折り合いが悪く、しかもかれらの多くはストレッカーよりも裕福な家柄だった。わたしとリーチは電話で話し、ストレッカーの蝶収集への執着に遺伝的傾向が関わっていたかどうか、意見を交わした。

「わたしにも同じ遺伝子があります」と、リーチは言った。「彼のことはよく理解できます。彼は不意をつかれたのでしょう。予測できるものではないですから。始まりはいつも子どもの頃、空を舞う色とりどりの姿に出会うところからです。その瞬間、子どもの心に何かが生じ、そして思うのです。あれが欲しい、本当に欲しいと」

だが、それは始まりにすぎないと、リーチは警告した。

蝶について、そして蛾も含めた鱗翅目について知れば知るほど、ますます人は深みにはまっていく。

「蝶はゲートウェイ・ドラッグでしかない」。何人もの研究者が、わたしにそう忠告した。そこからウサギの穴へは一直線だ。
それにしても、蝶のいったい何が、ここまでたやすく普遍的に、ホモ・サピエンスの心を捉えるのだろう？　ただ見た目がいいからというだけなのか？　それともかれらが象徴するもの、例えば地球上で展開してきた進化の歴史や、人類とほかの生命体の関係、あるいは生命の環に関係があるのだろうか？

一説によると、現在地球上に生息する生物種は一兆種にのぼる。そのほとんどは未発見種だ。わたしたちが名付け、正式に記載した種は約一二〇万種を数える。ヴィクトリア時代の人々が生きとし生けるものすべての命名作業に真剣に取り組みはじめてから二〇〇年足らずしか経っていないことを思えば、進捗はけっして悪くない。それでも、この星に生きる種だけに限っても、すべてに名前を授けるまでには無数の世代を要するだろう。それにもちろん、わたしたちの小さな世界の外の宇宙に何がいるかは誰にもわからない。分子生物学者のクリストファー・ケンプの言葉を借りれば、「身のまわりのいたるところでコッコツ、カサカサと音をたてる自然界について、わたしたちはあまりにも無知だ[9]」

地球上の生物種の圧倒的大多数を占めるのは単細胞生物で、これには細胞核（DNAを納めた細胞内の中心構造）をもつものも、もたないものもいる。けれどもたいていの人は、生物といえば植物と動物を思い浮かべる。ほとんどの動物は多細胞で移動能力をもち、ほとんどの植物は多細胞だが移動能力をもたない（もちろん、これには例外もある）。

植物の既知の種は四〇万種に満たない。これに比べ、昆虫は現在およそ九〇万種に名前がついている。科学界に知られている哺乳類の種は約五四〇〇種でしかない。

つまり、この世は昆虫の天下だ。

「進化は多様性を生む」[10]。昆虫学者のデヴィッド・グリマルディとマイケル・エンゲルは、昆虫学者必携の著書『昆虫の進化（Evolution of the Insects）』のなかでそう述べた。昆虫はどんな哺乳類をも上回る数億年にわたって地球上に存在しつづけ、多くのグループが幾度となく絶滅の時代をくぐり抜けてきた。それを考えれば、とてつもない数の種がいま生きているのもうなづける。

昆虫を含む節足動物はみな外骨格をもつ。節足動物の起源ははるか昔、魅惑のカンブリア紀にまでさかのぼる。進化の実験がそこかしこで見境なしに展開し、海中で生命の多様性が爆発的に増加した時代だ。およそ五億四〇〇〇万年前に始まるこの時代、節足動物は地球を支配した。当時いちばんの冴えたアイディアだったのだ。

節足動物である蝶の起源も、骨格を体内にもつ動物が栄えるよりもずっと前のこの時代にある。「系統の存続期間、種数、適応形態の多様性、バイオマス、生態学的影響力など、ほぼすべての進化的成功の指標において、昆虫に並ぶものはいない」[11]と、グリマルディとエンゲルは書いている。

昆虫は四億年にわたって存在しつづけている。それに比べ、もっとも原始的な哺乳類が誕生したのはようやく一億四〇〇〇万年〜一億二〇〇〇万年前で、最初の顕花植物の出現と同時期だ。霊長類やウマといった現生哺乳類に関しては、約五六〇〇万年前より昔に存在した証拠がみつかっていない。偉大な進化生物学者E・O・ウィルソンが言うように、小さきものたちが地球を支配したのだ。

「断言してもいい。ほかの生物のグループの多様性が、昆虫の多様性の何分の一という規模を上回ったことは一度もない(12)」と、グリマルディとエンゲルは言う。もちろん、単細胞生物を除けばの話だ。

では、そのなかで蝶はどう位置付けられるのだろう？　蝶は現生昆虫の分類群のなかで二番目に大きい鱗翅目に属す。翅に鱗粉をもつ既知の一八万種の昆虫たちの総称だ（加えておそらくはるかにたくさんの未発見・未記載の種がいる）。このなかで、蝶と呼ばれるのは一万四五〇〇種だけだ。一般にセセリチョウ［訳注：英語ではskipper］と呼ばれる、蝶に分類するか否かで研究者の意見が分かれるグループを足しても、せいぜい二万種にしかならない。

それ以外の翅に鱗をもつ一六万種の飛翔性昆虫は、まとめて「蛾」と呼ばれている。蛾と蝶の違いはいったい何だろう？　同じグループでありながら、どうして両者はこれほど異なっているのだろう？

イェール大学の研究室で、わたしは収蔵品整理を手伝っている何人かのボランティアとこの話をした。「蛾」という言葉を口にしたとたん、かれらは嫌悪感をあらわにした。蛾の話をしながら、わたしたちは典型的な「嫌悪」の表情を見せあった。鼻にしわを寄せ、鼻孔をわずかに拡げ、今にもうなりだしそうに唇を引く。蛾を嫌うことには「蛾恐怖症《モッテフォビア》」という正式名称まであるのに、「蝶が怖い」状態をさす単語は、わたしの知るかぎり存在しない。蛾を嫌う人の多くは蝶が好きだ。

会話のなかで、鱗翅目のなかの二つのグループは明確に異なる情動反応を引き起こした。「蛾」はうっとうしく、時に損害をひきおこす侵略者で、小麦粉にわき、ウール製品に穴をあけ、夜に電灯のまわりを飛び回ってわたしたちを苛立たせる。一方、「蝶」は気まぐれで繊細、純粋で高潔で清潔な守るべき存在であり、庭の花々の美しさを際立たせる装飾だ。

これらはみな偏見にすぎない。どの文化でも蛾が忌み嫌われているわけではない。蛾を愛する人々もいれば、蛾を生活の糧とする人々もいる。オーストラリアのアボリジニはかつて、膨大な数が生息するヤガ科のボゴンモスを半休眠状態のときを狙って採集し、ローストしてその場で食べたり、石で挽いてペミカンのような持ち運びに便利なプロテインペーストをつくったりした。

文化圏が変われば蛾の活用法も変わる。台湾に分布するヨナグニサンは、現地では「蛇頭蛾」とも呼ばれる。脅威を感じると地面に落下し、ゆっくりと身をよじって、翼端の模様がコブラの頭に見えるようにディスプレイするためだ。成虫が蛹から羽化すると（ちなみに蛾の蛹は英語でcocoon、蝶の蛹はchrysalisと呼ばれる）、人々は空洞になった絹糸でできた繭を財布として使った。

わたしはそれまで、蛾と蝶の違いを真剣に考えたことがなかった。見ればわかるものだと思っていた。そこでもう少し探ってみることにした。

ハーバード比較動物学博物館の蝶標本収蔵室を案内しながら、アシスタントキュレーターのレイチェル・ホーキンスはわたしに、いくつかの標本が収められたひとつの箱を見せた。ここにある鱗翅目の標本はせいぜい数十万点で、ロスチャイルドのコレクションと比べれば小規模だが、のちに食人族に食べられた男が採集した蝶や、散弾銃で撃たれた巨大なトリバネアゲハなど著名な標本が並び、知名度では引けを取らない。箱に収められた標本は、同博物館の黎明期に館長を務めた反進化論者のトーマス・バーバーが採集したものらしい。彼は第二次世界大戦の頃まで、進化と遺伝学は無関係だと固く信じていた。

「どれが蛾でどれが蝶か当ててみてください」と、ホーキンスは言った。

箱の中には標本が八点、二列に並んでいた。左の一番上の昆虫は大きく、構造色のきらめきを放つ翅をもち、緑と黄色の華やかな配色で、胴体は細長い。とても綺麗だ。その隣、右の一番上にあるのは、太い胴体の不恰好な昆虫で、膨らんだ腹は大きくて禍々しい見た目のハチを思わせた。翅は大部分が暗色で、細い黄色の筋が入っている。左上の昆虫はきっと蝶だ。すらりとして、翅がカラフルだから。となると右は蛾だろう。決め手は太い胴体だ。

そんな風に、これまでに教わった経験則に基づいて、わたしは箱の中の標本を見比べていった。蛾の触角は太く毛深いが、蝶の触角は細く先端が少しこぶ状になっている。蛾の胴体は丸々としているが、蝶の胴体はほっそりしている。蛾は夜に飛び、蝶は昼に飛ぶ。蛾は地味だが、蝶は美しい。

というか、一般にはそう言われている。

わたしは全問不正解だった。

ホーキンスは教えてくれた。「たいていの人は蛾はすごく地味だと思っています。夜に電灯のまわりに集まる小さな茶色いやつで、どれも同じような見ためだと。実際はまったく違います。派手な配色の蛾はいくらでもいますし、逆に茶色い隠蔽色をした小さな蝶もいます」

加えて、多くの種の蛾が昼間に飛び、蝶のなかには夕方に活発になる種もいると、彼女は言う。「体型や特徴に注目する人もいます」。彼女はさらに続けた。「蛾はずんぐりして毛深く、蝶はそうではないという考えですが、これも事実とは異なります。飛翔能力の高い一部の蝶は分厚い体をしています。スレンダーで優美な蛾もいて、なかにはカリバチの細い体に擬態しているものまでいます」。つややかな蝶に対し、蛾はふつう「モフモフ」に見えることが多いが、アゲハチョウの仲間もまた毛深い。これはおそらく寒い高標高地域を飛ぶためで、保温によって身を守っているのだ。

蛾に騙されたのはこれが初めてではなかった。この本を書きはじめてまもないある日、リビングルームの窓の外にある、蝶たちのお気に入りの植え込みを眺めていたときのことだ。いままで見たなかでいちばん小さなハチドリによく似た生き物の姿が見えた。わたしは以前キューバで、世界最小の鳥であるマメハチドリ *Mellisuga helenae* に眼を奪われたことがある。かなり大型のハチくらいの大きさで、これがハチならうちの庭で出会うのは避けたいところだ。

まるで筋が通らないのだが、わたしは最初「あんなに小さな鳥が、どうやってキューバからはるばるケープコッドまで飛んできたんだろう?」と思った。しばらく観察していると、お腹をすかせたその生き物は、ホバリングしながら花から花へ、蜜を一口するごとに移動しているようだった。

しかし、見れば見るほど最初の考えは疑わしく思えてきた。ハチドリはこんな行動はしない。ホバリングの時間が長すぎるし、方向転換が少なすぎる。ハチドリはじっとしていられない性分だ。そのせいで、わたしはいつも大好きなかれらを眺めては、すぐにいなくなることに不満をつのらせる。小さなそいつは落ち着き払った様子で、同じ茂みにとどまりながら、几帳面に花をひとつひとつ訪問していた。

わたしは集中して眼を細め、正体を見極めた。やはりだまされていた。こいつはハチドリじゃない。

それはhummingbird moth（ハチドリガ）の英名で知られる、スズメガ科の*Hemalis thysbe*だった〔訳注:日本でも同じくスズメガ科のホシホウジャクやオオスカシバがよくハチドリに間違われる〕。この蛾はハチドリや蝶と同じく日中に飛び回る。赤みがかった体色は、紫色の花が咲く茂みではよく目立った。胴体はずんぐりしているが、美しい虫だ。

一部の蛾は蝶とそっくりの見た目に進化した。しかし、マダガスカルのニシキオオツバメガは行動まで多くの点で蝶に似ている。一七〇〇年代後半に最初に命名されたとき、ニシキオオツバメガは蝶に分類された。夜ではなく昼に活動し、際立ってカラフルだったためだ。

じつは蛾と蝶を区別するかなり確実な方法がひとつある。翅棘《しきょく》だ。蛾の翅にはこれがあり、蝶の翅にはない（もちろん、これにも例外はある）。翅棘は要するにホック構造で、蛾の翅には上翅と下翅の両方にこれがある。蛾の上翅と下翅が同時に動くのは、このホックで連結しているからだ。この構造の正式名称は翅棘抱鉤《ほうこう》翅連結というが、ホックと留め穴を想像していただければわかりやすいだろう。

蝶はこのシステムをもたない。代わりにふつう大きくたくましい上翅が下翅のかなりの部分を覆っていて、いわば力任せに上翅で下翅を押し下げる（例によって例のごとく、これにも例外はある。数億年にわたって進化を続けていれば、どんな法則にも例外は生じるものだ）。

一方、蛾と蝶に共通する重要な特徴もいくつもあり、そのひとつが吻という驚異の構造だ。英語ではproboscis（発音は「プロバーシス」）といい、聞きなれない単語だが、単に「長い鼻面」を意味する。ゾウは並外れた吻をもつ［訳注：日本語ではふつう鼻と呼ぶが、ゾウの顔の前面に突出した部分は正確には鼻と上唇が一体化したもの］。うちのボーダーコリーのタフもそうで、彼の長い吻はいつも落ち葉の下を嗅ぎまわり、ヒツジや悪者や女友達がいないか探っている。アフリカに棲む哺乳類のツチブタは邪魔になりそうなくらい立派な吻をもち、アリやシロアリを嗅ぎつける。テングザルも見事に突き出た鼻をもっているが、その理由は誰も知らない［訳注：テングザルの英名はproboscis monkey。オスの方がより大きな鼻をもつため、少なくとも部分的には性淘汰が関わっていると考えられる］。

しかし、蛾と蝶の吻はかれらに特有の、空想の産物のような器官だ。鼻ではないし、酸素を取り込んだり物を嗅ぎわけたりするのには使わない。呼吸の際、鱗翅目は外骨格にあいた気門と呼ばれる小さな穴から酸素を取り入れる。においの検出には触角を使う。

蝶は吻を通じ、噛んだりすすったり舐めたりすることなく栄養を摂取する。鱗翅目の吻はときに「舌」にたとえられるが、これも不正確だ。舌は口の中に収まるものだが、蝶や蛾には一般的な意味での「口」はない。吻を「口器」と呼ぶこともあるが、これは慣例的表現にすぎない。

鱗翅目の吻は奇抜で風変わりで、ときに少しグロテスクな昆虫の頭部の延長だ。わたしたちになじみのあるどんな器官にも似ていない。鱗翅目の吻は、ときに体長の三〜五倍もの長さに達する。

この驚異の構造をもつのは成虫だけだ。大食らいのイモムシは、大顎（外骨格の硬いパーツからなり筋肉で動く）を常に稼働させ、餌を噛み砕き、栄養や毒素を溜めこんで飛翔昆虫への変身に備える（「噛む」という言葉も、従来の意味を考えるとあまり正確ではない。イモムシに歯はないからだ）。

蛹の中でイモムシが蝶に変化するにつれ、大顎は消失する。大顎を操作していた筋肉も、「酵素」という名の天然の腐食性化学物質に浸され融解する（ちなみに一部の蛾は成虫になっても大顎を保持しつづける。例外、例外、また例外だ）。

これと同時に別の細胞群が活性化し、ほかのさまざまな器官とあわせて鱗翅目の吻をつくる。吻は蛹のなかで二つに分割された細長い管として発達する。蝶が羽化するとき、C字型の断面をもつ二つが合わさって、O字型の管を形成する。この細長い管は、長さ数ミリメートルのこともあれば、それよりずっと長いこともある。

栄養補給のための「口」をもたない鱗翅目は、ほとんどが吻を利用する。採食ツールである吻は、かれらの生涯の間に無数の伸展と巻き取りを繰り返す。子どもたちがパーティーでひっきりなしに吹いているピロピロ笛（吹き戻し）のようなものだ。

吻はその名のとおり、検査（probe）する。探索し、食料を探すのだ。腰を据えてじっくり観察すれば、花を訪れた蝶が花の内部を確かめ、蜜を探すところが見られるだろう。ふだん蝶がただ飛んでいるとき、吻はフレンチホルンの管のようにぐるぐると渦を巻いている。けれども、探索のために吻の渦をほどくときになると、カールした管の両側で対をなす二つの筋肉が収縮し、ゾウが鼻を伸ばすように、管をめいっぱいの長さまで伸展させる。

花にとまる蝶をしばらく見ていると、ほどけた管が花の内部に溜まっている蜜を吸いあげているらしき様子を観察できる（実際は違うのだが、それについては後ほど）。

吻は重要なことが起こる場所だ。昆虫と花が出会い、幸せな関係を結ぶ。この結婚はおたがいにとって好都合なだけでなく、必要不可欠だ。花は誘惑の香りと甘い蜜で昆虫を惹きつける。昆虫は蜜を得る（鱗翅目学者の用語では「採蜜」）かたわら、意図せず花粉を身にまとい、それを親切にも知らず知らずのうちに次の花へと運んで、新たな遺伝子のセットで受粉させる。昆虫は意図して花のセックスの仲だちをするわけではないが、実際に起こるのはこういうことだ。

吻のおかげで、昆虫は報酬を得て役目を果たすことができる。花についても同様で、この交換は相互に利益をもたらす。それは地球の生命維持に不可欠な関係でもある。今日わたしたちはこの事実を当然のように受け入れているが、人類の歴史の大半にわたって、わたしたちはこのシンプルな自然界の真実を理解してこなかった。

一八〇〇年代前半まで、西洋の思想家たちは花を神が人類に授けた美しい贈り物と考えてきた。地球に花があるのは、わたしたちを高揚させ、生活のなかで神の存在を意識させるためだとされていた。もちろん、今でもそんな風に考えることはできるが、二〇〇年ほど前、園芸家たちは異なる次元における真実をつかんだ。花はセックスによって繁殖するのだ。花には雄性部分と雌性部分があり、送粉者が両者のつながりを媒介する。よりによってセックスだなんて！　この考えは当時の人々を震え上がらせ(13)、女性や子どものいる場所では話題にすることも憚られた。それでも、真実はやがて明るみに出るものだ。わたしたちはぞっとするような生命の掟を受け入れた。蝶（やその他の昆虫）は、異性間の遺伝子交換の重要な手段を提供する。

さらに、花と蝶の吻の関係は、のちに進化のはたらきの核心に迫る洞察をもたらすことになる。

第2章　ウサギの穴へ

蝶のようなシンプルな生き物が、僕らにはけっして解けないような不可解な謎を秘めている。そんな事実が美しい。

——デスティン・サンドリン[1]『毎日ひとつ賢くなろう（Smarter Every Day）』

一八六二年一月末、ハーマン・ストレッカーがまだ二〇代なかばだった頃、五四歳の誕生日を間近に控えたチャールズ・ダーウィンは、親友の植物学者ジョセフ・ダルトン・フッカーに手紙を書いていた。[2]彼はかねてから忌み嫌っていた米国の奴隷制について、改めて失望をあらわにした。また英国の長子相続制（財産は長男が相続すべしと定めた法律）も問題であり、自然淘汰の法則を阻害すると批判した。「農家が最初に生まれた雄牛を必ず種牛にしなくてはいけないとしたら、どうなることでしょう！」

このとき、彼の邸宅に暮らす人々のうち少なくとも一五人（典型的な家庭人だった彼はたくさんの子をもうけ、大勢の使用人を雇っていた）に加え、ダーウィン自身もタチの悪いインフルエンザからの回復途上だった。にもかかわらず、彼は一八五九年のベストセラー『種の起源』に続く著作の執筆に集中していた。彼は近く刊行される新作に大きな期待をかけていた。タイトルは『蘭の受精——英国および外国産の蘭が昆虫によって受精されるさまざまな趣向、および異種交配の好ましい効果について（Fertilization of Orchids: On the Various Contrivances by Which British and Foreign Orchids Are Fertilized by Insects and on the Good Effects of Intercrossing）』（やれやれ、当時の本のタイトルは購入者に内容を一字一句正確に伝えるべきだと考えられていたらしい。安っぽい釣りタイトルなど論外だ）。

フッカーとの文通は、ダーウィンにとって集団感染の災難や著書の産みの苦しみから逃れる気晴らしだった。しかし、ゴシップや冗談が散りばめた友人宛のとりとめもない書き物は、荷物が届いたことでいったん中断した。こんな風に重大事件が起こったと後世のわたしたちが知っているのも、彼が手紙の末尾にあわてて書き添えていたからだ。ダーウィンが文通好きで本当によかった。

荷物は珍しく貴重な贈り物だった。六枚の花弁が星型に配置された、壮麗で魅力的なマダガスカル原産の蘭の花だ。混沌とした邸宅に荷物がいつ届くのかダーウィンは知らなかったが、この贈り物は次なるベストセラー候補である蘭の本のなかで重要な役割を担っていた。いまでは『趣向（Contrivances）』の略称で知られるこの本が、現代まで読まれつづけている理由のひとつはこの花にある。

ダーウィンが眼を丸くしたわけは、花そのものではなく、花の基部から垂れ下がる付属器官の長さにあった。

とてつもなく長い。三〇センチメートル近くある。ありえない巨大さにダーウィンは衝撃を受けた。このとき彼が投げかけた疑問は、さまざまな形で問い直されつつ、研究者たちを一五〇年にわたって悩ませつづけることになる。

「いったいどんな昆虫が吸蜜するのでしょう」。彼はフッカーへの手紙の追伸に書き添えた。興奮のあまり書きなぐったのか、疑問のあとのクエスチョンマークさえつけなかった。

この蘭は「驚異的」だと、彼はコメントした。のちに彼は、緑色の「鞭のような」長い距《きょ》について、底部に蜜を貯蔵しているはずだと考えを示した。蘭を観察した経験が少しでもある人なら、このパーツに見覚えがあるだろう。距を折りとってみれば、内部が空洞であるとわかる。

ダーウィンはこの蘭について熟考した。なぜこの花は、多大なエネルギーを費やしてまで、蜜をこれほど獲得しづらくしたのだろう？　まるで筋が通らない。こんなものがあっては送粉者の昆虫に敬遠されて、花が繁殖する手段が限られてしまうというのに。

やがてダーウィンは気づいた。花がおびき寄せたい相手は、どんな昆虫でもいいわけではない。他種の花に花粉を誤配送することのない、特定の昆虫を呼び込む必要があるのだ。距を伸ばすことで、この蘭は同じくらい長い吻をもつ特定の種の昆虫にだけ魅力的に映るよう変化してきたのだろうと、ダーウィンは推論した。いわばオーダーメイド、手と手袋の関係だ。手に合わない手袋は、誰だって着けない。

それに、この関係は昆虫にも利益をもたらすと、彼は見抜いた。他種と競合することなく蜜へのアクセスが手に入るからだ。要するに、ダーウィンが提唱したのはペアリングの理論だった。単なる進化ではなく共進化を、自然界の生物どうしのパートナーシップを説明する理論だ。このようなウィン＝ウィンの結びつきから、異種の生物は時に互恵的な関係を保ったまま一緒に進化する。

さまざまな生物が、別々の存在とみなすわたしたちの認識に反して、時に互いにあまりにぴったりフィットして、もはやひとつの生物体と呼べるほどの関係を形成している。かれらは生きるためにお互いを必要とする。

この考えは地球全体にさえ適用できる。こちらはダーウィン独自の考えではなく、自然は多様な生き物たちが織りなす網であるというアイディアは、一六〇〇年代のマリア・シビラ・メーリアン（長きにわたり軽んじられてきたこの天才主婦について、詳しくは後ほど）に始まって、さまざまな人々が示してきた。

彼は予測した。しかしダーウィンは、この考えを明確に体系化する地盤固めに重要な役割を果たした。蘭の長い距のいちばん底まで届く、比類なき長さの圧倒的な吻をもつ鱗翅目の一種がやがて発見されるだろう。彼はこの予測を蘭についての著書のなかで披露したが、のちにそのせいで笑い者になったと書いている。ほとんどの人は、そこまでかさばる吻をもつ蝶の姿を想像できなかったのだ。そんなものをぶら下げたまま、どうやって飛ぶというのか？

ダーウィンは残りの生涯を通じ、マダガスカルを訪れる昆虫採集家の誰かが予想通りの昆虫を見つけてくれることを願った。

彼の願いは叶わなかった。少なくとも、彼の存命中には。

一九〇三年にダーウィンの予想を裏付けたのは、膨大な蝶標本コレクションを所蔵するあの裕福な銀行家ウォルター・ロスチャイルドと、彼が雇った昆虫学者のカール・ジョーダンだった。長らく探し求められてきた昆虫の正体はスズメガの一種で、かれらはこれを記載し命名した。かれらに標本を送ったのは二人のフランス人フィールド昆虫学者だった。蛾の体長はさほど大きくなかったが、吻は予想に違わず三〇センチメートル近かった。これで証明は済んだかに思われたが、超えるべきハードルはもうひとつあった。この蛾が蘭の距に吻を挿し入れるところを実際に見た者はひとりもいなかったのだ。

あるフィールド昆虫学者がようやくマダガスカルで野生の蛾の吸蜜行動の撮影に成功したのは、現代、それも一九九〇年代になってからのことだ。

結局、ダーウィンは正しかった。

とはいえ完全に正しかったわけではない。彼の仮説はすっきりと整っていて聞こえがよかった。けれども、この驚くべきパートナーシップをよりよく理解するには、吻についての知見を少し精緻化する必要がある。蛾と蘭が切っても切れない関係にあるのは確かだが、蛾は蘭の蜜を「吸って」いるわけではなかった。少なくとも、ダーウィンが考えていたような「吸い方」はしていなかった。

真実はまったく違っていた。

時は二〇世紀末、ダーウィンの手紙から一〇〇年以上もあとの話だ。ミシガン州に住む四歳のマシュー・レーナート(3)は、ある日両親の寝室に忍び込み、そこでベッドに置かれた枕の上を巨大な蛾がもぞもぞと這っているのを目撃した。蛾は脇目も振らずに卵を産んでいた。ようやくしっかり歩けるようになったばかりの彼だったが、その瞬間、レーナートの将来は決まった。運命は確定した。僕は昆虫学者になる。ようこそ、ウサギの穴へ。

彼が将来の夢にどこまで本気だったのか疑う人のために、もうひとつエピソードを紹介しよう。六歳のハロウィンの日、彼が着た白衣の背中には、大文字で「昆虫学者」と書かれていた。これでもうおわかりだろう。

成長した彼は、昆虫学研究室で手伝いをするようになり、のちにホメロスアゲハ *Papilio homerus* の研究をおこなった。ジャマイカ固有の西半球最大の蝶であり、現在は絶滅寸前だ。その後、レーナートは鱗翅目の吻が専門の研究者が構えるラボに、二年間のポスドクの職を得た。

だが、彼は迷っていた。何を学ぶっていうんだ？　吻はただのストローで、蝶は蜜を吸う。単純なことじゃないか。彼の考えは、一〇〇年以上前のダーウィンの想像とまったく同じだった。蝶の頭にあるポンプが運び込んだ蜜が、最終的に消化管に行き着く。研究は二カ月もあれば終わるだろう。残りの期間は何をしよう？

一〇年後、彼はまだ吻の研究をしていた。いまや自身のラボをもち、彼と同じくらい吻に夢中の学生たちが所属する。問題は、この器官が見た目通りではないことだ。吻は単なるストローではない。少なくとも、厳密には違う。吻は昆虫が何かを「飲む」ための道具であると、昆虫学の権威も含め、ほとんどの人が言う。

だが、正確には「吸収する」と表現すべきだ。吻はいわば高性能の紙ナプキンなのだ。

第一に、吻はストローのように端から端まで隙間なくなめらかではない。「吻は多孔質です」と、レーナートはわたしに電話で話してくれた。「ストローにたくさん穴をあけて水を吸ってみればわかりますが、うまくいきません。吻はむしろ、スポンジによく似ているのです」

わたしはキッチンのスポンジを思い浮かべた。スポンジを手に取って握りしめ、水を張ったシンクに入れてから手を離し、圧力から解放すると、スポンジは水を吸って膨らむ。くみ上げたり吸ったりする器官は必要ない。薄く水がこぼれたキッチンのカウンターにスポンジを置くだけでも、スポンジは水を吸い取る。

それこそが核心です、とレーナートは言った。何かを摂取するとき、昆虫はその物質に吻を接触させるだけでいい。こぼした液体の上にペーパータオルをかぶせるところを想像してほしい。あなたが何もしなくても、タオルが液体を吸い取ってくれる。吻のしくみもこれと同じだ。限りなく小さな無数の穴が物質を吸収して、あら不思議！　いつのまにか吻の内部の輸送管に取り込まれる。吸引は必要ないのだ。

ここで使われているのは、小学校の理科の授業で誰もが習う毛細管作用だ。わたしが毛細管作用について教わったのは三年生のときだったが、まるで魔法のように思えた。その時すでに、わたしは重力が物体を上にではなく、下に引っ張ることを知っていた。それに、地球上の生命体にはたらく基本的な因果関係のパターンも理解していた。物体は重力に反してただ浮かんだりはしない。凧にだって、風と紐を持つ人が必要だ。

にもかかわらず、先生が細いガラス管を水の入ったビーカーに入れると、どうしたことか、管の中の水面が上がっていった。クラスメイトたちと一緒にわたしは息を飲んだ。こんなのありえない！　先生は空気圧について説明し、空気圧が高いほど水面が高いところまで上がると教えてくれた。納得したわたしは、自分の基礎理論に立ち返ることができた。重力がはたらいている限り、生命は理屈にあわないふるまいはしない（このときは知らなかったのだが……いや、この話はまた別の本で）。

毛細管作用は地球上で大きな役割を担っている。ふきんで皿を拭けば乾くのは毛細管作用のおかげだ。植物は毛細管作用を利用して根から葉へ水を移動させる。これがなければ、例えばセコイアの樹も存在しえない。

同じ力が、地面の水たまりから蝶の吻の内部へと液体を移動させる。物理的な「吸引」は必要ない。それどころか、蝶自身はどんな身体的労力もかけなくていい。吻にあいた孔は非常に小さく、液体はこれらの孔を容易に通過する。理科の授業では、ピペットの壁面を水がじわじわと上昇していき、ビーカーの水面のはるか上まで達するところを見たことだろう。同じように、蝶の吻の細孔は、水たまりの液体を吻の中へと導く。じつに巧妙だ。

だが、さらに面白いことに、蝶がこうして摂取するのは液体だけではない。蝶は乾燥した物質も摂取できる。夏に散歩に出かけた経験がある人なら、蝶が山道や歩道や岩といった乾いているように見える場所にとまり、一心不乱に何かを食べているらしき光景に見覚えがあるだろう。でも、どうやって？　液体らしきものはなさそうなのに、いったいどういうことなのだろう？

おそらく、何かはあるのだろう。わたしたちの眼には見えないが、昆虫たちには明らかな何かが、においを発しているのだ。キツネやコヨーテやイヌが残した尿が乾いてできた塩の層かもしれない。わたしたちはこうした希少な物質の存在に鈍感だ。一方、昆虫はきわめて鋭敏な触角を使い、容易に探し当てる。だが、乾燥した物質をどうやって取り込むのだろう？

研究者たちは、昆虫が吻を塩の層の表面にあて、管を通じて唾液を送り出し、細孔から浸出させていることを発見した。こうすることで塩を唾液に取り込み、それを吻を通じて再吸収するのだ。つまり、双方向移動のシステムだ。わたしはこれを知ったとき、一九五〇年代のB級SF映画を思い出した。地球に飛来した宇宙船が「吸収ビーム」を発射し、何も知らない犠牲者たちを溶かしてどろどろの粒子スープに変えたあと、それを再びビームで宇宙船内に取り入れる。これこそ吻のはたらきだ。

ところが、まだ続きがある。

蝶や蛾のそれぞれの種が何を食べるかによって、吻の構造は異なる。蝶の摂食器官は精緻に調整されている。樹液食の蝶の吻は、花蜜食の蝶の吻とは違うし、血液を食料にする種ではまた別物だ。オオカバマダラの吻の先端は花蜜食に適したなめらかな外見をしている。翅を閉じると枯葉のようなギモンフタテハは樹液食で、吻の先端はモップのようなつくりをしており、実際にモップのようにはたらく。

哺乳類の血を吸うことからヴァンパイアモスと呼ばれるエグリバ類 *Calyptra spp.* は、吻の先端に矢じりのような鋭い突起をもち、この部分でヒトやその他の動物の組織を切り裂く。昆虫学者のジェニファー・ザスペル(4)は、この事実を身をもって知っている。ある夏、博士論文の執筆のためにシベリアで採集をおこなった彼女は、一匹の蛾に眼をとめ、それを小さなガラス瓶に入れた。アジアに広く分布するありふれた蛾の一種で、血を吸うと言われていたものの、この行動を正式に記録した人はいなかった。ザスペルの知るかぎり、この蛾の悪評はまったくの濡れ衣でもおかしくなかった。

彼女は小瓶に指を入れてみた。

蛾は吻を伸ばして彼女の指を探りはじめた。そして頭部の筋肉を使って皮膚を切り裂き、さらに深く掘りはじめた。蛾は頭の振動運動を繰り返した。吻の先端から直立して生えている棘がのこぎりの歯のようにはたらき、指の組織の奥へ奥へと突き刺さっていった。

「抜いては刺してを繰り返すんです。縫い針みたいに」と、彼女は言う。

「痛くないんですか?」半信半疑でわたしは尋ねた。「どうしてそんなことを試したんですか?」

アフリカ暮らしが長かったわたしには、体内に入り込もうとする昆虫を本能的に警戒する癖が染みついている。わたしなら絶対にやらない。経験上、こういう昆虫はタチが悪い。

「いい気分ではないですね。痛みだしたのはしばらく経ってからでした」と、彼女は答えた。「どうしてやろうと思ったのか、自分でもわかりません。興味を惹かれたから、ただそれだけです」

「機会があればまたやりますか？」

「どうでしょう、その時になってみないと」

そう答える彼女の声は、どこか夢見心地だった。少なくとも、考えただけでゾッとするとは思っていないようだ。

わたしは彼女に、蝶や蛾を口に入れて死にかけた著名な科学者たちの話をした。チャールズ・ダーウィンもそのひとりだ。

「仲間に恵まれてますね」と、わたしは言った。

ザスペルは、自身が捕まえた蛾の主食は血液ではなく果物ではないかと考えている。のこぎりのような吻の先端は、果実の硬い皮を突き破るのに必要なのだろう。動物の皮膚も刺し通せるようになったのは、蛾にとって嬉しい誤算でしかない。

最近、同じように吻の先端に棘をもつマダガスカルの蛾が、眠っている鳥の涙を飲むところが観察された。研究者たちによると、この蛾は「鉤、棘、針」を使って閉じている鳥のまぶたを突き通し、涙を吸収している間、吻を「固定」する。なんとも狡猾だ。犯行中、鳥はたいてい目を覚まさず痛がる様子もないため、蛾は吻から何らかの化学物質、例えば麻薬や抗ヒスタミン薬を注入して鳥を眠ったままに保っているのではないかと、研究者たちは推測している。涙を盗む相手は鳥だけではない。タイにはヒトの涙を餌にする蛾がいる。この場合は「ヒトは痛みを感じる」(5)と、現象を記述した論文に書かれていた。それはそうだろう。

ところで、そもそもなぜ蝶や蛾は涙を求めるのだろう? あるいは昆虫学者の血液や、ただの樹液を? これまでのわたしの考えは、「蝶は花の蜜を飲む、以上」だった。またしても大間違いだ。鱗翅目が食べる蜜以外のものを列挙してみると、唖然とし、幻想を打ち砕かれ、ちょっと吐き気を催し、残忍さに恐れおののく。糞、腐敗した植物体、鳥の排泄物、新鮮あるいは腐った果物、砕けた花粉、血液、腐肉、ほかの鱗翅目(たいていは死骸だが例外もある)、イモムシ、樹液、ヒトの汗、尿、蜜蝋、蜂蜜、毛。

わたしたちと同じく、かれらにも塩やたんぱく質といった「サプリメント」が必要で、とりわけ頑丈な卵を産み、次世代へと命を受け継がなくてはならないメスはそうだ。一方で、鱗翅目学者のデヴィッド・ジェームズによると、一部の種の蝶はオスがより蜜以外の餌を探し求め、なかにはメスがまったくこうした行動をとらない種もいる。イモムシの間はひたすら食べまくり、将来使えるように必須栄養素を蓄えるが、成虫もまた独自に栄養を獲得しなくてはならない。

これについても、やはり例外はある。四歳のマシュー・レーナートの将来を定めたメスのセクロピアモス *Hyalophora cecropia* は、成虫になるとまったく餌を食べない。彼女の唯一の使命は交尾し卵を産むことで、そのため羽化後の寿命は一週間ほどしかない。したがって、メスは吻をもたない。

使いもしない器官をつくることに、エネルギーを浪費する理由などないからだ。

地面にとまり、ヒトの眼には見えない何かを食べる習性は「パドリング」と呼ばれ、昔から知られていると同時に、研究者の悩みの種だった。蝶や蛾はどうにかして液体を摂取していると考えられてきたが、「パドリング」は水たまり《パドル》がない場所でもおこなわれるため、それだけでは説明がつかない。だが、レーナートと同僚のピーター・アドラー、コンスタンティン・コーネフは、[6] 最先端の高性能顕微鏡を使って吻を調べることで、穿孔の秘密を解き明かした。

図らずも科学の進展の立役者となったのは、ある晴れた午後、サウスカロライナ州の野原で蝶を追いかけて遊んでいた二人の少女だった。[7] 材料工学者のコンスタンティン・コーネフは、娘たちが清々しい外遊びを楽しむのを見守っていた。二人が蝶に夢中なことに気づき、彼はもっとよく見てごらんと促した。そこで彼も興味を抱いた。蝶はなぜ、これほど多様な食料を摂取できるのだろう？　蝶は水や花蜜を飲むだけでなく、粘度が高くうまく流れないはずの蜂蜜も満喫しているようだった。こんなに特性にばらつきのある物質をどう扱っているのだろう？　ストローで水を飲んだり、甘い花蜜を飲むのは難しくない（コーネフはこのとき、まだ蝶の吻はストローであるという従来の定説に沿って考えていた）。だが、蜂蜜をストローで吸ってもほとんど飲めないし、樹液も同様だ。

コーネフは次に、それまでどの科学者も（チャールズ・ダーウィンでさえ）考えもしなかった問いを自分自身に投げかけた。実際のところ、何が起きているのか？　画期的な発見はしばしばこんな風になしとげられる。彼は、一見とても単純明快で説明不要に思えるせいで、誰も考えもしなかったことに注目した。もちろん、コーネフの専門性もおおいに役立った。自然界にあるものをモデルに新たな素材を開発するのは彼の十八番で、彼には自然界の物体をミクロの視点で考える素養があった。

コーネフの好奇心がただの空想で終わらなかったのは、彼がもうひとつのまったく別の課題に直面していたおかげでもあった。ラボで夏休みの二週間を過ごす予定の高校生たちに何をやらせよう？　かれらは研究プロジェクトに取り組みたがっていた。それも二週間で結果が出て、しかもこれまで誰ひとりとして手をつけたことのないテーマを望んでいた。無理難題というほかない。

コーネフは蝶のことを思い出した。学生たちに、蝶が食料を「すする」あるいは「飲む」（と当時の彼が考えていた）ところを撮影させてみたらどうだろう？　さまざまな量の砂糖を含む水滴を机の上に落として、蝶のすぐそばにカメラをセットする。そして撮れた映像をスロー再生して、蝶が実際のところ何をしているかを観察するのだ。

コーネフと学生たちは、定説とは異なり、蝶は吻の先端を水滴の中央まで深く挿入しないと知った。そこで学術文献を漁り、詳細を調べようとした。

だが、該当する文献はひとつもなかった。「ストロー神話」は権威あるパラダイムとして通用し、誰もがそっくりそのまま受け入れていた。コーネフは生物学者のピーター・アドラーに協力を仰ぎ、さらに大学院生のマシュー・レーナートも加わった。かれらは進化の視点で熟考しはじめた。比較的小さな体の昆虫が、長大な吻の端から端まで液体を動かすだけのエネルギーを蓄えているなんて、ありえるだろうか？　どうも理屈にあわない。

流体輸送の物理学に従えば、ダーウィンが存在を予言したとてつもなく長い吻をもつスズメガは、蜜を吸えないはずだ。自分の体の何倍もの長さのストローを使って液体を吸うところを想像してみよう。どうにか成功したとしても、吸うのに消費するエネルギーが、食料として摂取したエネルギーをはるかに上回る可能性が高い。純利益どころか純損失が生じ、経済的とはいえない。

研究チームは、進化が編みだした解決策を発見した。微小液滴だ。液体は限りなく小さな液体の滴となり、気泡で互いに隔てられた状態で吻の内部を通過する。液体をこうして「小包」に分けて輸送すれば、摩擦が大幅に低減し、必要なエネルギーが抑えられるのだ。チームは現在、この画期的なアイディアの人工繊維への応用に取り組んでいる。自然界のソリューションを模倣することで、遺伝子導入や傷の回復といった、さまざまな医療分野で治療効果を高められるかもしれない。

アドラー、コーネフ、レーナートは、いずれもザスペルの吸血蛾に興味をもっている。エグリバは正確にはどうやってザスペルの血を吸ったのだろう？　血はかなり粘度が高い。もし殺人現場の血だまりを踏んだあなたが逃走を試みたとしても、追いかけるのは簡単だ。足跡が残るのは言うまでもないし、一歩踏み出すごとに、凝固しはじめた靴の裏の血が音をたてる。現場から逃げるあなたの足音は丸聞こえだ。

吸血蛾はどうやって、自分でつけた獲物の傷口に吻がくっつくのを防いでいるのだろう？　吻を巻き取ったりほどいたりするとき、固まらないのはなぜなのか？　それより何より、液体を吻に流す細孔は、なぜ凝固した血液で詰まらないのだろう？

「唾液の分子的特性を分析して、血液の輸送を促すような遺伝子産物がないか調べたいと思います」と、ザスペルは言う。[8]「蜜も血液も飲める種の場合、機能を高めている何かがあるはずです。わからないことだらけです。外部と内部にどんな構造的変化が加われば、これほどうまくはたらくのでしょう？」

エグリバは何らかの分子や化合物を使って、吻に血が詰まるのを防いでいるのかもしれない。もしそうなら、分子の正体を突き止めなくてはならない。これは単なる好奇心どころの話ではない。血液が吻という極細の管を通過するメカニズムに加え、未発見の新たな抗凝固剤が特定されれば、医学とテクノロジーにおける重要なブレイクスルーの基礎となる可能性がある。例えば、長時間にわたる手術の際に、外科医は血液の粘性の問題に対処する必要がなくなるかもしれない。

このように、鱗翅目の膨大な多様性は人類に莫大な利益をもたらす可能性を秘めているが、それもみな花の繁栄の賜物だ。「顕花植物が出現するまで、吻は短く、折れ枝のようで、[9]肉質で、せいぜい露出した場所にある糖液や水滴を摂取することしかできませんでした」と、レーナートは説明する。だが、顕花植物の出現後、吻をもつ飛翔昆虫は、現代のわたしたちを魅了する麗しき蝶へと多様化を果たした。進化の歴史のなかでは、ほんの一瞬のできごとだった。

そう聞いて、わたしは考えた。太古の時代の蝶のことは、どれだけわかっているのだろう？

第3章　ナンバーワンの蝶

蝶のように繊細な生き物が、硬化した泥や粘土の地層のなかにそれとわかる状態で保存されることは、ほとんど期待できない。

——サミュエル・ハバード・スカッダー(1)
『空の儚き子どもたち（Frail Children of the Air）』

およそ三四〇〇万年前(2)、隆起しつつあるロッキー山脈の東側に、急峻な渓谷の合間を北から南へと流れる一本の川があった。河岸に林立するセコイアは、多くが直径三メートルを超え、樹冠は地上六〇メートルに達した。

この壮大な自然界のノートルダム大聖堂(3)のなかを、蝶が舞っていた。タテハチョウの仲間が、いまの世界でしばしば見かける種とよく似た美しい姿で、原始世界の生を謳歌していた。ほかにも多数の鱗翅目の種に加え、多種多様なクモ、キリギリス、コオロギ、ゴキブリ、シロアリ、ハサミムシ、水生昆虫がみられた。動物たちにつきまとうツェツェバエは、現代のアフリカに分布する種の二倍の大きさだ。他種の昆虫を襲う巨大なカリバチにとって、鱗翅目の幼虫は格好の獲物だっただろう。ハナバチも飛び回っていた。要するに、この生態系は全体として、いまわたしたちが住む世界のどこかにとてもよく似ていた。

哺乳類も豊富だった。三本指でイヌほどの大きさのウマや、そのいとこではるか昔に絶滅した、サイほどもあるブロントテリウム。現代のブタやシカの遠い親戚にあたる、偶蹄目のオレオドン。空を飛び交う鳥たちは、その数千万年前に絶滅した恐竜の子孫だ。騒々しい鳴き声が木々の葉のざめきと混ざり合う。オポッサムは当時も今と変わらず、豊富に生息する昆虫を貪った。

こうした多様性のすべてが、個性豊かな植物の面々に支えられていた。そこにはすでにクルミやヒッコリーがあった。ヤシ、シダ、ポプラ、ヤナギが河岸の湿潤な場所に生育していた。ウルシやスグリのやぶにできた実や、野生リンゴ、鞘に詰まった豆は動物たちのごちそうだった。カシューもすでにあった。気温はおおよそ現代のサンフランシスコに相当した。

だが、暮らしぶりは楽ではなかった。楽園のようなこの地から数キロメートルのところでは、活火山が周期的噴火を繰り返し、そのたびに岩石や鉱物が激流をなして山肌を下り、谷に堆積した。火砕流はセメントのように谷の生物を包み込み、セコイアの根元で固まった。火砕流堆積物が堂々たる幹を五メートルの高さまで覆い、根を窒息させ、樹を殺した。

そんな活発で破壊的な地殻変動の時代のどこかで、ひとつの噴火によって生じた火砕流が山を駆け下り、川を横切った。ダムができ、やがて浅い湖が現れ、数百万年にわたってこの地を水の底に沈めた。

湖の水面に舞い降りたとき、蝶はおそらくまだ生きていた。老いた哀れなハーマン・ストレッカーが採集し展翅した標本のように、翅を大きく広げていた。なぜ再び飛び立たなかったのだろう？　突風にあおられ、何もできないまま水面に叩きつけられたのだろうか？　それとも、水の表面張力に抗って多少は暴れた？　あるいはひょっとして、藻類マットのねばねばに絡めとられ、身動きできなくなった？

理由はどうあれ、完璧な小さな蝶はゆっくりと沈んでいった。灰の層が積み上がり、蝶を覆った。蝶の細胞はひとつ、またひとつと石に変わった。身体構造は細部に至るまで保存され、数千万年後の今もなお、鱗粉の形が一枚一枚認識でき、かつて輝いていた翅の模様の一部さえ読み取れる。現代の技術を駆使すれば、いずれ本来の色が明らかになるかもしれない。

この見事な蝶のほかにも、湖ではたくさんの化石が発見されている。火山灰と有機物の地層が長い年月にわたって積み重なって形成される、ペーパーシェールと呼ばれる頁岩は、非常に薄い多層構造をもち、現在もきわめてもろい。これらの層を慎重に割っていくことで、湖底に保存された生命体の細部の特徴まで観察できる。魚のうろこ、ツェツェバエの吸血器官、植物の葉に残された昆虫の食痕（犯人はイモムシかも？）、シダのいとこである頑丈なトクサの節の細部などだ。花粉の細部が完全に保存されているおかげで、現代の科学者が種を特定できた例まである。だが、ありふれた魚、水生昆虫、植物の葉の化石とは異なり、圧倒的に希少な発見もなかにはある。

ここまで触れてきた、プロドリアス・ペルセポネ *Prodryas persephone* と命名された蝶は、貴重な発見の代表例だ。ディテールがあまりに緻密であったため、発見者の女性も命名した研究者も、この蝶を一目見ようと集まったヴィクトリア時代の人々も、見事なまでの明瞭さに度肝を抜かれた。繊細な触角まで残されていて、死後にわずかに左に曲がったものの、先端の棍棒状に膨らんだ部分もそのままで、現生種と同じ特徴を示す。吻も保存されているのではないかと考える研究者もいるが、確かめるためには化石を破壊して頭の下を観察しなければならない。いずれは新たなテクノロジーによって、頭のすぐ下に巻き取られた吻が発見されるかもしれない。

プロドリアスは現在のコロラド州フロリサントにあたる地域を飛び回っていた。始新世と呼ばれる時代が地殻変動によって幕を閉じる直前だった。始新世は恐竜が死に絶えたあと、現代型の哺乳類が最初に地球上に出現した時代であり、約五六〇〇万年前から約三四〇〇万年前まで続いた。

蝶が生きていたのは、地球が例外的な高温と多雨に恵まれた最後の時代だ。この頃、ありとあらゆる生物の系統がペトリ皿に放り込まれたように「実験」を繰り広げ、新たな生命の形が誕生した。知られているかぎりもっとも古い時代のウマや、最初の真の霊長類など、さまざまな新たな哺乳類が進化した。

同じ頃、花が全世界に進出を果たした。蝶もまた、花の蜜を追って世界に拡散したのだろうか？可能性は高そうだ。始新世よりずっと昔から蝶は存在していて、白亜紀の恐竜の頭上にも羽ばたいていたと考えられるが、この熱帯の時代がかれらに大きく味方したのかもしれない。いずれにせよ、まだ証拠は見つかっていない。蝶の化石はきわめて珍しく、破れた翅の一部が見つかるだけでもお祝いものだ。

だからこそフロリサントが重要なのだ。この地では、世界のどこよりも多くの種（一説には一二種）の蝶の化石種が発見されている。そのなかでもプロドリアスは特別だ。この完璧な標本を除き、世界でこれまでに見つかった蝶の化石のほとんどは断片でしかない。翅の切れ端、鱗片、琥珀のなかに残された残骸などだ。

フロリサントの蝶は比類なき宝石だ。発見された時、全世界が驚愕した。


湖面に蝶が舞い降りてから数千万年が経過した。世界は寒冷化と温暖化を繰り返した。更新世になると、氷期が何度も訪れては去っていった。

蝶のなかから、進化し気候変動に適応する種が現れた。翅を広げて飛び回れるくらい気温が上がる夏の数週間だけ活動し、残りの寒い時期は地下のどこかに潜ってやり過ごす種もいれば、活動拠点をもっと快適な土地に移す種もいた。

フロリサントの蝶はそんな種のひとつだったようだ。フロリサントの蝶がいまもどこかを飛び回っているとしても、そこは現代のコロラドではないだろう。もっと暖かく湿潤な熱帯地方、始新世末のフロリサントに似た気候の場所であるはずだ。

人類が初めてフロリサントの谷に足を踏み入れた約一万五〇〇〇年前、かれらはきっと石化したセコイアに驚いただろう。ハーマン・ストレッカーの時代、化石を求めるヨーロッパ人がこの発掘場所にやってきた。驚愕の発見のニュースは大陸を超え、ニューヨークやボストンからロンドン、パリにまで伝わった。『世界の不思議』といったタイトルの子供向けの本に化石の森の図が掲載された。わたしは子どもの頃、高齢のおばから読み古されたそんな本をもらったことがある。

化石化したセコイアは科学者たちをも魅了した。一八七一年、ニューヨーク州にあるコーネル大学に籍を置く収集家セオドア・ミード[4]がフロリサントを訪れ、いくつかの化石を東部に持ち帰った。研究者たちはこれらの標本を気に入り、やがて噂が広まった。数年後に初の科学調査がおこなわれ、他のチームもこれに続いた。

この場所は「米国古生物学の聖地[5]」になったと、古生物学者のカーク・ジョンソンは言う。フロリサントでは、植物、昆虫、その他の小動物の化石があっけないくらい簡単に見つかった。やがて鉄道が敷かれた。一八〇〇年代後半、鉄道でコロラドスプリングスの町から渓谷を訪れる「ワイルドフラワー・エクスカーション」などの一日冒険ツアーに、大勢の乗客たちが代金を払って参加した。参加者には化石探しと「お土産」の持ち帰りが許され、珪化木もその対象だった。

人々はあらゆるものを持ち去った。ある大地主は化石化した幹の大きな塊を、別荘の暖炉の炉床に加工した。ある実業家は珪化したセコイアの切り株を切り出し、一八九三年のシカゴ万博で展示しようとした。結局、のこぎりの歯が幹に食い込んでこの試みは失敗に終わり、いまもそのまま残されている。

ある時、テーマパーク経営者のウォルト・ディズニーがやってきて、(6) セコイアの切り株の化石ひとつを買った。重さ五トン、周囲二・三メートルのこの切り株は現在、カリフォルニアのディズニーランド内のアイスクリームカフェ「ゴールデン・ホースシュー・サルーン」の近くに飾られている。

蝶の化石を見つけたのは、初期の研究者でも、旅行者でも、実業家でもなかった。栄誉を授かったのは、一三歳で結婚し、七人の子どもを育てたある入植者の女性だ。シャーロット・コプレン・ヒルは一八四九年にインディアナ州で生まれ、数年後に家族とともに西部にやってきた。彼女は一八六三年に結婚し、夫婦は一八七四年一二月にホームステッド法によってフロリサントに移り住んだ。当時二五歳のシャーロットはすでに子だくさんの母親で、遠からず祖母になる、年齢よりもずっと成熟した女性だった。

彼女は足元に埋まっているものの重要性と価値に気づいた。夫婦は一八八〇年に正式に土地所有を申請した。かれらはウシを放牧し、作物を育て、農場を築いた。しかしシャーロットは、それよりずっと前から古代の湖の底に閉じ込められた生態系に好奇心を抱いていた。セコイアの珪化木は見過ごしようがなかっただろうし、あくせく働いた長い一日の終わりに、頁岩の層の間に圧縮された葉や昆虫を見つけることもあっただろう。ともかく、のちに渓谷に科学調査隊がやってくる頃には、彼女はすでに小さな古生物学博物館を開いていた。シャーロットは「薄い紙のような頁岩を詰め込んだ箱をいくつも所有していて、(7) そこには完璧な状態の昆虫の印象化石がびっしりと残されていた」と、研究チームは書き記している。

かれらの興奮は想像にかたくない。シャーロットの仕事ぶりはじつに見事で、早くも一八八三年にはバラの化石が彼女にちなんで*Rosa hilliae*と名付けられた。彼女は研究者たちにおおいに頼りにされていた。北米古植物学のパイオニアであるレオ・レスケルーはフロリサントを訪れさえせず、シャーロット・ヒルに新たな植物化石を提供してもらい、それらの記載論文を執筆した。ハーバード大学のサミュエル・スカッダーは、古生物学者であると同時に熱心な鱗翅目愛好家だった。渓谷に短期滞在してシャーロットの収集品を目の当たりにした彼もまた、自分でフィールドワークをしなくても彼女から直接化石を購入すれば事足りると判断した。

スカッダーは彼女の科学への貢献を一度も公に認めなかった。フロリサントで研究をおこなう現代の古生物学者で、シャーロットの大ファンのひとりであるハーバート・マイヤーは、その事実に失望をあらわにする。彼女は自分の世界に没頭し、自力で成果をあげた人物だと、マイヤーは言う。[8] 多忙な自営農家だったシャーロットは、子どもたちを研究に登用し、現代の子どもたちも大好きな「土の中の宝探し」を促していたのではないかと、彼は考えている。

当時は誰ひとりとしてこれらの化石の正確な年代を知らなかった。フロリサントの生物が「はるか昔」のものであることはわかっていたが、科学はまだ数十億年におよぶ地球の歴史を紐解く段階になかった。一九〇八年、古生物学者セオドア・コッカレルはシャーロットの土地をポンペイにたとえ、次のような饒舌で力のこもった記述を残した。「太古の昔、[9] 例えばおよそ一〇〇〇万年前、この渓谷には美しい湖、フロリサント湖があった。おそらく湖の長辺は約一四キロメートルで、幅は狭く、周縁は木々に覆われた岬があちこちで食い込んでぎざぎざしていた。点在する小島は背の高いセコイアなどの植生を有した。フェニモア・クーパー〔訳注：映画化された『モヒカン族の最後』などの著作で知られる米国の作家。一七八九〜一八五一〕や彼の著作『レザーストッキング物語』の主人公たちであれば感激するような土地だった」

いまとなっては、一〇〇〇万年前など昨日のようなものだ。一五平方キロメートルの湖底の本当の年代は三四〇〇万年前だとコッカレルに教えてあげたとしても、彼は信じなかっただろう。当時、これほどの時間の広がりを想像できる人はほとんどいなかった。

古生物学者で生きた蝶の熱心な愛好家でもあったハーバードのサミュエル・スカッダーは、化石を受け取ったとたん、とてつもないお宝を手に入れたと気づいた。その蝶は「鱗粉まで詳細に記述できるくらい完璧」[10]で、このような標本が米国で発見されたのは初めてだと、彼は夢中になって語った。一八八九年、彼は著書『フロリサントの化石蝶（The Fossil Butterflies of Florissant）』を刊行し、その一〇年後に子ども向けの『空の儚き子どもたち（Frail Children of the Air）』を書き上げ、その両方でフロリサントの化石を論じた。若い読者が少なくともひとり、彼の著書に出会って古生物学の道を選んだ。フランク・カーペンターいわく、「そこに載っていた図は、コロラドのフロリサント頁岩から発見された化石蝶のもので[11]、翅を広げ模様もすべて残っていました。それを見た瞬間、目玉が飛び出るかと思いました。わたしは仕事から帰ってきた父に言いました。『将来の夢は化石昆虫の研究！』とね」。カーペンターはのちに、北米屈指の化石昆虫学のエキスパートになった。

一八三七年にボストンで生まれたスカッダーが蝶に熱狂するようになったのは、マサチューセッツ州西部の丘陵地にあるウィリアムズ大学に一六歳で入学したあとだった。彼の父はそこそこに成功した実業家で、兄は宣教師。けっして科学者の血筋ではなかったが、蝶が彼を変えた。大学で出会ったひとりの友人が、近くで採集し箱に収めた二〇点ほどの蝶の標本を彼に見せた。わたしが思うに、そのとき彼の脳の視覚回路のニューロンは猛烈に発火したはずだ。初めて知覚する色の洪水に。

スカッダーはのちにこう書き記している。「これほど美しい物体が存在することも、ましてや家のすぐそばに、たくさんの異なる種類が同じ場所に分布していることも、夢にも思わなかった」。その箱を見てまもなく、彼自身も標本採集を始めた。とくに珍しく美しい蝶を捕まえた時には、喜びのあまりシェイクスピアから引用した。

ウィリアムズ大学を卒業した彼はハーバードに進学し、生物学者のルイ・アガシに師事して、師の反進化論思想をそっくりそのまま受け継いだ。やがて彼は米国の昆虫古生物学の礎を築いた。スカッダーはシャーロット・ヒルの蝶を*Prodryas persephone*と命名し、独自の属に分類した。彼はこの化石を単独で木枠の箱にしまい、標本目録の最初の番号「1」を与えた。この化石は彼の何よりの宝物で、一八九三年にはロンドンに持参し、王立昆虫学協会の前で展示した。

だが奇妙なことに、彼は一時期この化石を二五〇ドルで売却しようとしていた[12]。一八八七年、『カナダ昆虫学会報（The Canadian Entomologist）』の一二〇ページに、「化石蝶売ります」との広告が掲載されたのだ。内容は以下の通りだった。「次なる著書『ニューイングランドの蝶』の挿画をより充実させるため、コロラド産の見事な保存状態の化石蝶*Prodryas persephone*を二五〇ドルで販売します……世界に知られる化石蝶の標本は二〇点に満たず、この化石はそのなかでも圧倒的にすぐれた保存状態を誇ります」

このオファーは謎に満ちている。なぜ彼は宝物を売りに出そうとしたのか？ 答えは誰も知らない。化石の一部だけを売るつもりだったのかもしれないと、ハーバート・メイヤーは言う。お金が必要だったのかもしれない。こうした取引は現在では記録が残るが、ヴィクトリア時代の古生物標本の取引で詳細が記録されることはなかった。

売りに出した理由が何であれ、結局実現はしなかった。スカッダーの化石は手付かずのまま、かつての生息地から三〇〇〇キロメートル以上離れた、マサチューセッツ州ケンブリッジのハーバード大学の安全な地下保管室に眠っている。いまも収蔵品目録番号1《ナンバーワン》を背負って。

シャーロット・ヒルがプロドリアスを発掘してから約一五〇年後、わたしはハーバードに巡礼に出かけた。

数えきれないほどの人々を虜にしてきたその特別な蝶は今、箱に入れられ、わたしが見たなかでもっとも清潔な化石収蔵室に安置されている。博物館の化石収蔵室はたいてい古くて埃っぽく、祖母の家の屋根裏を思い出す。だが、ハーバードの収蔵室はできたてほやほやで、文字通り塵ひとつなくまっさらだった。わたしは試しに、誰も見ていない隙を見計らって人差し指で棚の表面をなぞってみた。間違いない、病院レベルの清潔さだ。

案内役はリカルド・ペレス＝デラフエンテ。どこまでも親切なバルセロナ出身の研究者だ。地下の廊下を歩き、設置されたばかりのガラス扉を抜けると、延々と続く鍵のかかったキャビネットの列が現れた。列の先頭、最初のキャビネットのなかに、目玉の「ナンバーワンの蝶」がいた。フロリサントで発掘され、スカッダーが購入してハーバードに持ち込まれた蝶はすべて、これと同じように祭られていた。ナンバー2はフロリサントで二番目に重要な化石であり、以下同様。

わたしはもともと何かを偶像扱いするたちではないし、懐疑的な視点で見るつもりでいた。けれどもペレス＝デラフエンテがキャビネットを開けて標本を取り出したとたん、自分でも驚いたことに、わたしは化石の評判にふさわしい最大級の敬意を表す感情的反応をとっていた。

プロドリアスはずっと昔にしまわれたまま、いまでも上部にガラスがはめ込まれた木箱に収まっていた。わたしたちは遺物に触れるように注意深く扱った。ガラス越しのその姿にわたしはうっとりした。わたしたちは化石を隣の部屋に運んだ。もし落としたら、とわたしが悪趣味なジョークを言うと、ペレス＝デラフエンテは礼儀として笑ってくれた。バカなことはしてくれるな、という警告が込められているのは明らかだ。

わたしたちは顕微鏡で化石を観察した。本当に鱗粉まで見える。翅を縦横に走る翅脈も明瞭だ（これらはヒトの血管とは異なるが、蝶の翅に酸素を運び、構造を補強している）。頭から突出するひげのような細い繊維もしっかり確認できた。

蝶を取り囲む岩石についたひっかき傷もわたしを魅了した。ゆっくりと慎重に、極薄の表層を取り除いて化石を露出させた職人がつけたものだ。この化石のクリーニングは、大きな興奮と恐怖を同時にかきたてるものだったに違いない。その職人（シャーロット・ヒルだろうか？）は、秘宝の表面を覆う物質を外科医並みの正確さで除去しなければならなかった。ほんの少しでも力が入りすぎれば、蝶のパーツを壊してしまう。蝶の翅の後端には小さな「尾」があり、現代のアゲハチョウほど長くはないが、はっきりと目視できた。片方の尾は無傷で、もう片方はなくなっている。化石の下処理をした人物のミスだろうか？

この宝石を掘り出した人は信じられないくらい器用だったんですね、とわたしは言った。

「この世には手先の器用さが求められる職業が二つあります」と、ペレス＝デラフエンテは答えた。「神経外科医と昆虫学者です」

「どんな色をしていたんですか？」太古の昔に生きていた姿を見られないじれったさに耐えかねて、わたしはさらに尋ねた。

「古生物学は不確かなことだらけです」と、彼は答えた。「そして古生物学のいいところは、そうした不確かさを受け入れている点にあるんです」

少しおいて、彼はこう付け足した。「この蝶は分野に大きな影響を与えました。ひとつの宝石が、さらにたくさんの宝石の発見の糸口になりました。これが人生、これが科学です。美しいアイディアですよね」

既知の化石種の蝶の三分の一近くはフロリサントで見つかったものだ。これまでに少なくとも一二種が命名されている。ある研究者は、この湖底を「昆虫のポンペイ」[13]と呼んだ。

この場所は危うく一九六〇年代の宅地開発に消えるところだった[14]。フロリサント渓谷は休暇を過ごすのに最適だ。狩りや釣りの絶好のポイント、ハイキングや乗馬ができる緑豊かな丘陵、水泳やボート遊びを楽しめる湖まである。渓谷の南端はすでに小さな区画に分割され、A字型のキャビンが建てられた。不動産投機家たちがあたりを嗅ぎまわりはじめた。

一方、一九五九年に国立公園局はこの地域の国定史跡登録をめぐる調査を開始した。一九六〇年代前半に書かれた報告書で、かれらは化石層の保護を勧告した。関連する議論は一九〇〇年代初頭から続いていたものの、実際には何も進んでいなかった。だが、小区画に山小屋が建ちはじめたことで危機感が共有された。古植物学者のハリー・マクギニティは国会議員に直訴した。この土地は農業には向かないが、「地球の歴史のなかのおぼろげな過去を語るページとして[15]、言い表せないほどの価値がある……このような地層はほかに類を見ない」

渓谷は「経済の誘惑」に揺れていた。環境保護団体や科学者が議論に参加し、そのなかには古植物学者のエステラ・レオポルドもいた。名著『野生のうたが聞こえる』で知られるアルド・レオポルドの娘だ。連邦土地保全法案は委員会での検討で暗礁に乗り上げていた。

土地保全推進派は雄弁だった。かれらに言わせれば、化石層に家を建てるのは「地質学的な焚書」であり、「死海文書で魚を包む[16]」あるいは「ロゼッタストーンでとうもろこしを挽く[17]」ようなものだ。

こうしたフレーズが効いて、全国紙がこの話題を取り上げた。著名な風刺漫画家のパット・オリファントは、ブルドーザーを運転するスナイドリー・ホイップラッシュ〔訳注：一九六九～七〇年に放送されたアニメ『騎馬警官ダドリー・ドゥーライト』に登場する悪役〕に似た男と、伝説の木こりポール・バニヤンのように筋骨隆々とした環境活動家を描いた。一九六九年七月二〇日に『ニューヨーク・タイムズ』に掲載された記事のタイトルは、「見捨てられた米国の化石層——政府はフロリサント買い上げに動かず」。このなかである科学者は化石層を本にたとえ、「このテーマについて書かれた、世界にひとつしかないかけがえのない一冊」だと述べた。『デンバー・ポスト』も同年夏、「フロリサント・プロジェクト依然こう着状態」と見出しを打った。

ところが、夏の終わりまでにブルドーザーの稼働準備が整った。これに対抗し、女性や子どもたちがピクニックバスケットと毛布を持って現れた。建設重機を生身の人間で取り囲むつもりだったのだ。

奇妙なことに、ブルドーザーは動かなかった。運転手たちが通りにあるバーで足止めされたからだ。誰かが用意した無料の酒を振舞われたのかもしれない。実際に何が起こったのかはいまでも誰も知らない。単に女性や子どもたちと対峙するのを避けたのかもしれないし、あるいは有力者とコネのある誰かがたんまりビールを奢ったのかもしれない。

不動産投機家たちはかまわず計画を進めるつもりでいたが、そこへ連邦政府の通達が届いた――フロリサントを国定史跡とし、一切の開発を禁じる。環境保全を支持し、環境保護庁を創設した共和党のリチャード・ニクソン大統領が法案に署名し、一九六九年八月二〇日、フロリサント化石層国定史跡が誕生した。

似たような化石はほかの場所でも発見されている。国定史跡の近くには、一般に開放された私有地の一画がある。フロリサント化石採掘場と名付けられたこの場所では、頁岩の小さな板を斜面から切り出し、ピクニックテーブルに持ってきて発掘できる。一時間一〇ドルの料金で、岩石のページをかきわけてどこかに潜んでいる生物を探せるこの体験は、子どもたちに大人気だ。

ごくまれにだが、本当に見事な化石が見つかることもある。価値の高い化石は当局に提出しなければならない決まりだが、その場合は発見者として、標本に子どもの名前がつくことになっている。学校の遠足グループはお得意様だ。頁岩をこじ開けて、中に鳥の全身骨格化石を見つけた子もいる。

コロラド州をさらに南西に進むと、もっと古い化石が見つかる。グリーンリバー化石群[18]は約五〇〇〇万年前のもので、フロリサントと同じように頁岩の層に保存されている。だが、共通点はそれだけだ。これらの化石には蝶とはっきりわかるものもあるが、ずっと断片的だ。現在の五大湖のように、当時は広大な浅い湖の生態系が数万平方キロメートルも広がっており、その全体から蝶の化石が見つかっている。グリーンリバー化石層はユタ州、ワイオミング州、コロラド州にまたがって存在する。

これらの化石のおかげで、五〇〇〇万年前にはすでに蝶が珍しくなかったとわかった。また、デンマークの琥珀に閉じ込められた化石はそれ以上に古く、五六〇〇万年前にさかのぼるため、当時も蝶がいたのは確かだ。けれども、蝶が本当はどれだけ昔から存在していたのか、正確なところは誰も知らない。

古生物学者の間の通説によれば、約一億四〇〇〇万年前に最初の花が現れたことが、蝶の進化を加速させた。蝶と花の関係を研究するコンラッド・ラバンデイラは、最初の花の出現からかなり後の時代まで、蝶の分布域は限られていたのではないかと考えている。「最初の花はボウル型でした」と、彼はわたしに説明してくれた。「長い吻を必要とする形ではなかったのです」。数百万年の時間をかけてゆっくりと、花と蝶の吻の結びつきはますます特異的なものになっていき、ついにはダーウィンが予測を的中させたような究極のペアリングが実現した。

最初の花が誕生したとき、蛾はすでに少なくとも五〇〇〇万年にわたって地球上に存在していた。ラバンデイラと共同研究者たちは、中国の一億六〇〇〇万年前の地層から化石証拠を発見した。この蛾はすでに原始的な吻を進化させていて、これを使って裸子植物がつくる甘い受粉滴を食べていた。マツ、イトスギ、セコイアなどの針葉樹は裸子植物の一例だ。こうした植物が身近にある人ならご存知だろうが、春になるととてつもない（過剰な、と言う人もいるだろう）量の花粉（わたしの家の庭の花粉は胆汁の色をしている）をばらまき、そこらじゅうのほとんど何もかもを埋め尽くす（わたしの真っ赤なプリウスも含め）。

ほとんどが無駄になる大量の花粉をつくるのには膨大なエネルギーを要する。花はそれよりはるかに高度な繁殖戦略であり、数千万年にわたって洗練を重ねてきた。同じことが、送粉を担う昆虫にもいえる。

花と昆虫の一対一の対応は「忠実な送粉」と呼ばれる。婚姻関係のような含みがあるのは偶然ではない。ある種の花が特定の種に絞って蝶や蛾を誘惑できるなら、その花はエネルギーの観点からみてずっと安価に繁殖に成功する。

花が蝶を誘惑するのは目新しいアイディアではない。ラバンデイラによれば、四億年以上前に最初の昆虫が誕生して以来、進化の過程を通じて、植物は多種多様な昆虫を誘惑し、長い吻の発達を促して、植物のニーズを満たす働きをさせてきた。この共進化は、少なくとも一三回独立に起こった。両者の関係は敵対的どころか、合意の上であった可能性が高いと、ラバンデイラは言う。

「蝶と植物の関係の多くは、かつて敵対的と考えられていましたが、いまでは相互に利益をもたらすものと判明しています」。あなたが願いをきいてくれるなら、わたしもお返ししましょう、という具合だ。

そんなわけで、ダーウィンの蘭と蛾の関係はけっして偶然の産物ではなかった。それどころか、植物が何も知らない昆虫を利用する策略として、何度も編み出されてきた定番だったのだ。

なにしろ、花はいつでも穏やかな支配者とは限らない。一部の蘭は残酷なトリックを仕掛け、ハチを秘所へと誘い込む。やたらと卑猥な形に見える蘭のなかには、わざとそうしているものもあるのだ！　蘭は官能的な視覚シグナルをオスのハチに送り、それを見たオスは脇目も振らずに飛んできて、とある過激な交尾行動を示す。ここでは詳細は割愛するが、ことが終わり満足げに飛び去るオスの体には、ランの花粉がたっぷりとついているとだけ言っておこう。

イェール大学ピーボディ自然史博物館の化石ラボで、スーザン・バッツとわたしは琥珀の中に残された蝶の化石を見ていた。蝶とは何か、蛾とは何かについて議論したあと、同博物館が誇る膨大なグリーンリバー層昆虫のコレクションを実際に見せてもらえることになったのだ。

バッツは琥珀コレクションを取り出した。年月を重ね硬化した樹脂である琥珀は、人類が何万年も前から重宝してきた自然素材だ。かなり珍しい物質であり、大量に採集できる場所は世界にわずか二〇カ所ほどしかない。有名な採集場所のいくつかは長い歴史をもつ。氷河期の人々は、象牙や鹿の角と同じように、琥珀を彫って馬などの動物の形をつくりあげた。四〇〇〇年前の模式化された馬の形の琥珀がポーランドで出土したほか、琥珀の工芸品は英国のストーンヘンジでも見つかっている。中国の職人たちも、数千年にわたって琥珀に精巧な彫刻を施してきた。

だが、古生物学者にとっての琥珀の価値はまったく別のところにある。琥珀は生物を三次元で観察できる形で保存してくれるのだ。樹脂は幹を流れ落ちながら、途中にあるものを何もかも、葉や種子や花粉から昆虫に至るまで内部に取り込む。驚くような物体がこうして残され、わたしたちの前に姿を現してきた。カザフスタンで発見された、長さ二・五センチメートルの三次元の松かさは一億四〇〇〇万年前のもので、顕花植物が世界を制覇した恐竜時代の最盛期の世界のようすを垣間見せてくれる。この松かさはすでに、現代人なら誰でもそれとわかる形をしている。

恐竜の支配が終わる頃、かつてソテツや針葉樹に覆われていた地域の多くで、顕花植物の樹木が取って代わった。そのうちのひと握りの場所で、新たな木々から流れ出た樹脂が生態系をそっくりそのまま保存した。ドミニカ共和国にある産出量の多い琥珀鉱山では、無数の甲虫、繊細なイトトンボ、ツノゼミ、シロアリの大群、ハエの大群、それに数種の蛾と蝶など、約二五〇〇万年前に生きていた多種多様な生物が見つかった。スーザン・バッツは以前、昆虫入りのドミニカの琥珀をあしらった結婚指輪をしていた。夫と新婚旅行で訪れた際に買ったものだ。残念ながら、琥珀は壊れやすい。「琥珀のジュエリーは地質学者向きではないですね」と、バッツは言う。彼女の琥珀の指輪は、地質学の専門器具を使っているときに壊れてしまった。今の彼女はもっと丈夫なプラチナの指輪をつけている。

わたしたちはタンザニア産の琥珀に閉じ込められた蝶に顕微鏡の焦点を合わせた。約四〇〇万年前、初期人類が平原を歩き回り、三本指の馬ヒッパリオンに遭遇していた頃の代物だ。

「眼が見えますよ」と、バッツは指差した。「触角と頭の接合部、頭と胸の接合部。脚も見えます。わかりますか？　この丸い部分、これが巻き取られた吻です。ここに縮こまっていますよ」

時が止まり、琥珀のなかにはっきりと残された吻の巻きの数を、わたしは数えた。一、二、三、四。水晶玉を覗き込み、はるか昔の世界を直接目の当たりにしているようだった。蝶は明らかに蝶とわかる姿形で、現在のものとほとんど変わらない。そう考えると、四〇〇〇万年前があまり遠い昔とは思えなくなってきた。

イェール大学のコレクションでも、よそと同じで、蝶の化石は（断片でさえ）珍しい。博物館が所有する約一万七〇〇〇点の昆虫化石のうち、鱗翅目はわずか六一点で、ほとんどは蛾か蝶かも判別できない。この博物館には数少ない、グリーンリバー層の蝶化石もバッツは見せてくれた。引退した地質学者で大学でボランティアをしているジム・バークレーがコロラド州の北西端で採集したものだ。それらは断片で、ナンバーワンの蝶のように完全ではなかったが、年代はより古く、知られている世界最古の蝶に肩を並べる（既知の最古の蝶は約五六〇〇万年前のもので、バルト海の琥珀に閉じ込められていた）。

バークレーは化石発掘場を所有していて、マイナス二〇～三〇℃も珍しくないような酷寒の真冬を除き、ほとんど毎日探索を続けている。彼は見つかった昆虫化石をすべてイェール大学に送っている。彼がこれまでに寄贈した六〇〇〇以上の標本のなかに、蝶は数えるほどしかいなかった。

「まだ送っていないものがあるんじゃないですか？」わたしは尋ねた。

バッツはわたしたちの企てを、イェール＝バークレー＝ウィリアムズ調査と名付けた。ぴったりの名前だ。

七月一日の朝早く、わたしたち（総勢七名、六歳から六六歳まで）はコロラド川沿いの見晴らしのいい公園で落ち合った。川は美しかったが、午前九時の段階ですでに焼けつく暑さになっていた。わたしたちは車に乗り込み、ハイウェイ一三号線を北上した。目指すローン高原はずっと涼しいはずだ。

ハイウェイを少し走ったところで、バークレーは何の変哲もない場所に車を止めた。はるか遠くの崖の下まで広がる、崩れ落ちた頁岩がわたしたちを待っていた。その崖もまた頁岩でできていた。頁岩づくしだ。

以前に試掘をおこなった人々は、黄色い大型重機を持ち込み、ためらうことなく崖を崩した。頁岩は細かな破片と化し、おかげでわたしたちの仕事は、焼けるように熱い岩の上に座り、破片をふるいにかけて、薄層をはがして中に何が隠れているか確かめるだけだ。わたしの頭に、古代ローマを描いた古いテクニカラー映画のシーンが浮かんだ。哀れな捕虜たちは、ローマの丘の上で酷暑のなか延々と苦役を強いられる。気の滅入る光景だ。

憂鬱な作業を前にして、バークレー、バッツ、それに彼女の同僚でまもなくオックスフォード大学に進学予定のグウェン・アンテルは、心から嬉しそうだった。

まもなく目を見張るような化石が次々に姿を現した。素人のわたしでさえ昆虫を見つけた。「こんなにたくさん化石があるなんて感動しました」。わたしはそう言いつつ、本音では蝶の化石が見たかった。

ジェフ・バークレーはなぜか満足げだった。「そろそろ帰りましょう」と、彼は言った。

バークレーのこじんまりした農場邸宅は、完全にとは（彼には妻がいるので）言わないまでも、それに近いレベルで古生物学への愛に捧げられていた。ブームスタンドに設置されたハイテク顕微鏡は一〇メガピクセルのカメラに接続されていた。ひとつの標本につき、彼はピント位置を変えながら五〜二〇枚の写真を撮影し、そのあと焦点合成ソフトウェアを使って（うまくいけば）焦点の合ったひとつのフレームへと写真を合成する。

ケーブルがそこらじゅうに這い回り、作業台には飲みかけの水の入ったペットボトルが無数に転がっていたほか、家族写真、ガイドブック、参考文献、宗教書、それにもちろん削った石の粉が散乱している。

「夕食後にいいものをお見せします」と、彼は言った。

その日の収穫の話をしようと人々が集まってきた。わたしたちは小さなテーブルにみんなで窮屈に座りながら、グリルチキンとサラダをビールで流し込んだ。パーティーがお開きになったあと、バークレーとわたしは作業場に戻ってきた。彼は引き出しを開けた。

中にあったのは、ほぼ無傷の鱗翅目の翅だ。翅脈だけでなく、模様の一部まで残されている。

それにしても、なぜ五〇〇〇万年も昔の昆虫なのに、わたしのような素人でも簡単に鱗翅目とわかるのだろう？　五〇〇〇万年前のウマの化石を見た時は、イヌかネコかと勘違いした。同じ期間に哺乳類は大きく進化してきたが、見るかぎり蝶はそうではないようだ。

「昆虫は完璧だからですよ」。グウェン・アンテルが笑顔で答えた。かれらは進化する必要がないのだ。

「節足動物は最初に上陸した動物で、動物種の四種に三種は昆虫です。かれらは数億年にわたって地球を支配してきました。これ以上完璧に近づく要素などあるでしょうか？」

もちろん彼女は冗談で言っていた。ある程度までは。

翌日、わたしはナンバーワンの蝶の化石がかつて埋まっていた場所へと巡礼に赴いた。フロリサント国定史跡は現在、この地域の悠久の時と現代史を物語る場所として、多くの観光客を集めている。

ビジターセンターで最初に目についたのは標語だった。「科学は現在進行形のプロセスであり、単なる事実の集合ではない」。この言葉は、なぜ進化がいまも理論のひとつとされているかを端的に説明している。不正確だからではなく、わたしたちの理解がまだ不完全であるからだ。変化がなぜ、どのように起こるのかに関するわたしたちの知識は、変化そのものと同じように、つねに進歩し改善している。

ビジターセンターにはアーティストが描いたプロドリアスの復元図があった。翅は赤みがかり、三つの黒い斑点が前翅の外縁に並び、前翅と後翅の両方に白い部分がある。前翅のものよりも小さい三つの黒い斑点が、後翅の輪郭を際立たせている。

生粋のボストンっ子だったサミュエル・スカッダーの言葉が引用されていた。「米国で発見されたもっとも美しい蝶の化石」。さらに説明では、はっきり見て取れる翅脈の特徴から、プロドリアスは種数の多い蝶の一系統であるタテハチョウ科に属し、現生種のオオカバマダラの親戚であると書かれていた。

一八七八年に描かれた、はるか昔に姿を消した古代湖の地図が壁に展示されている。石化した巨大な切り株の発見場所が地図中に矢印で記されている。「ミスター・ヒル」の発掘現場も同様だ（発見者はシャーロット・ヒルであるにもかかわらず、地図に彼女への言及はなかった。男性たちが訪ねてきたとき、彼女は食料庫にこもっていたのだろうか）。ビジターセンターのバックヤードで厳重に保護されたキャビネットの中には、現在のミツバチに瓜二つの完璧な昆虫化石が眠っていた。

名誉あるスペースに収められた写真のなかに、シャーロット・ヒルの一六〇回目の誕生日を祝うケーキがあった。ケーキの中心には、かなり細かく描かれたプロドリアスの図があった。国定史跡の監督責任者であるハーバート・メイヤーは、シャーロット・ヒルになんとかして正当な評価を与えるべく尽力し、彼女の子孫を誕生日の記念式典に招待した。パイオニアであり、わずか一三歳の若妻でもあったこの女性について、多くの人々は聞いたこともなかった。

話を切り上げたメイヤーとわたしは、史跡の野外エリアを歩いた。わずかに残ったセコイアの珪化木を見たあと、化石化した切り株のそばから新たな針葉樹が育っている場所に着いた。

「これがあるべき姿ですね」と、わたし。

「ええ、あるべき姿です」と、メイヤーも同意した。

わたしたちは喜んだ。ひとつの生命が別の生命をもとに成長する。進化の要は変化であり、また連続性でもある。

第4章　目も眩むほどの輝き

蝶の翅は、進化の法則がたった一ページにカラー印刷される唯一の場所である。
——G・イヴリン・ハッチンソン[1]

地球上で植物と動物が結ぶ関係の重要性に気づいた人物は、けっしてチャールズ・ダーウィンだけではなかった。じつは、今では生態学と呼ばれるその概念を最初に発見したのはダーウィンでも、彼以外の著名なヴィクトリア時代の男性でもなく、一七世紀のある一〇代の少女だった。

マリア・シビラ・メーリアンは、鱗翅目愛好家として知られるだけでなく[2]、今日チャールズ・ダーウィンがそうであるように、勇敢さを称えられ、芸術の腕前を絶賛され、科学的厳密さで一目置かれた。ところが彼女は忘れられ、積み重なる年月に埋もれてしまった。彼女が生きた一六〇〇年代のヨーロッパは、女性にとって非常に危険な時と場所だった。メーリアンもヒルと同じく、わずか一三歳で大人の世界に仲間入りしたが、シャーロット・ヒルが家族を育んだのに対し、マリア・シビラ・メーリアンはイモムシ、蝶、蛾、そしてかれらの存在基盤である植物の研究に着手し、生涯にわたって続けた。

メーリアンは人類史のなかでも類まれな時代に生きた。悪夢のようで現実離れしていながら、テクノロジー志向で大いに興奮をかきたてる、じつに奇妙な時代だった。ヨーロッパでの生活を恐ろしいものに感じる人もいれば、ダイナミックな文化の虜になる人もいた。

三〇年戦争が大陸全土で猛威を振るい、信仰と愛国心をあおるなか、八〇〇万人のヨーロッパ人が命を落とし、大陸は極度の混乱に陥った。しかし同時に、新たなテクノロジーと国際貿易の活発化によって、歴史上初めて中間層が拡大し、可処分所得を手にした。教育が大衆にひらかれ、熱狂的な反応が起こった。科学の公開講義はしばしば立ち見が出るほどで、女性も出席を許された。世紀の初めからそうだったわけではない。一六〇〇年、数学者ジョルダーノ・ブルーノは地動説の主張を捨てなかったことを理由に、ローマで火あぶりにされた。同年刊行されたイエズス会修道士マルティン・デル゠リオの著書『魔術の研究』はベストセラーになり、人々を集団狂気と魔女狩りに駆り立てた結果、一世紀の間に五万人が処刑された。集団憎悪の犠牲者たちはほとんどが女性だった。

それでも、やがて理性の時代が地盤を築いた。画期的なテクノロジーの登場により、人類は世界をまったく新しい、事実に基づくやり方で眺めるようになった。革命の最前線には、果てしなく小さな世界を垣間見ることのできるガラスのレンズがあった。大勢の人々が虫眼鏡を手に入れ、昆虫の姿を拡大して調べた。

人々は水滴を覗き込み、その中にこれまで見えなかった単細胞生物がいることを知って、世界のなかの世界が明らかになった。それまで人類は、アメーバなどの「微小動物」の存在など知る由もなかった。発見は波紋を呼んだ。

大きな文化的転換として、知識の獲得がブームとなった。一六〇〇年のヨーロッパは「疑念なき確信の時代」そのものだった。神が定めるヒエラルキーは絶対だった。貧しい身分に生まれたなら、それは神があなたに求めることだ。従順に生き、飢えても誰も恨まず、天国で正当な報酬をもらえるのを待たねばならない。上をめざして努力するのは罪だった。

王は神聖である。そんなことは誰でも知っていて、証明不要だった（一方、女王はそうでもなかった）。「自然のはしご」、あるいはアリストテレスが提唱した「存在の偉大なる連鎖」における「自然の秩序」によって、すべての生物は「下等」から「高等」までのどこかに位置づけられた。地球上のすべての生命体は、ほかの生命体よりもすぐれているか、劣っているかのどちらかだった。

この「つつきの順位」は百科事典のように詳細に定められていた。例えば鳥類は哺乳類の下に位置した。鳥類のなかでは、猛禽類は死骸を食べる鳥の上で、さらに下にはミミズを食べる鳥、昆虫食の鳥がこの順で並んでいた。イヌは比較的高い地位を与えられたが、ライオンには及ばなかった。ライオンは野生動物であり、自由で力強く、うっかり蹴飛ばしたらただでは済まないからだ。そこからヒトの女性までの間にはわずかなステップしかなかった。もちろん男性は女性よりも上と位置づけられ、そのすぐ上には天使、頂上には神がいた。

昆虫ははしごの最下層に近い位置にいて、それより下なのは植物とサンゴくらいだった。

ただし、蝶だけは違った。

蝶は特別だった。崇め奉られ、はしごの中でほかの昆虫よりずっと上の、独自の段を占めていた。蝶がこの特権を享受できたのは、目も眩むほどの輝き、抗いがたい美しさもさることながら、謎に包まれていたためでもあった。隠れ家から唐突に姿を表し、天へと飛び去る蝶は、神の祝福を受けているかのようだった。

一方、イモムシは蠕虫《ワーム》であり、最大限に忌むべき穢れた存在だった。かれらは自然のはしごの中で最下層に近いところに位置づけられた。ねばねばして吐き気を催す、原始的な生物。それはシェイクスピアの著作にも見て取れる。彼は弁護士を軽蔑し、「偽物の芋虫ども」と呼んだ。また政治に口出しする者たちについても「国家に巣食う芋虫」と評し、英国の緑豊かな土地を食い荒らす存在とみなして忌み嫌った。

蝶とイモムシのこの区別を理解する前提として、当時のヨーロッパ人たちは、イモムシと蝶はまったく無関係の存在とみなしていた。この考えは常識として受け入れられていた。現代のわたしたちからすると信じがたいが、人々はある種のイモムシがつくる蛹と、そこから出現するある種の蝶を結びつけようとしなかった。

「幼虫と成虫が結びついた場合でも、[3]空想めいた変身が起こってまったく新しい動物が出現したのだと、かれらは考えました」と、昆虫学者のマイケル・エンゲルは言う。

こんな誤った考えが生まれたのは、誰ひとりとして実際にイモムシや蝶の研究をしてこなかったせいだ。絹糸をつくるカイコガの生活環は何世紀も前から知られていたが、人々はそれを鱗翅目全般にあてはめようとはしなかった。

一六〇〇年に生きていた人々にとって、蛹に詰まった気味の悪い粘液のようなものから蝶が姿を現すのは魔法そのものだった。蝶の出現は、卵、幼虫、蛹、そして麗しき飛翔昆虫へという秩序立ったプロセスを通じて起こり、この法則がすべての蝶にあてはまると理解するのは、「驚くほど困難な課題[4]」だったと、動物学者でサイエンスライターのマシュー・コッブは述べている。

卵から蝶への変遷という真実の解明は、科学が西洋文明を「自然のはしご」という文化的拘束から解き放つのに一役買った。そして階層的思考に代わり、相互依存するさまざまな生物が織りなす網の概念が根付きはじめた。

この偉業をなしとげたのが、マリア・シビラ・メーリアンだ。

蝶の蛹を切断すると、不気味で不快な液体が染み出してくる。少なくとも、当時の人々は不気味で不快に思った。けれども、十分に長く待ってやれば、目を見張るような蝶が、鮮やかにきらめきながら、ゆっくりと殻を破って姿を現す。一六〇〇年の基準でいえば、これは明白な魔法の証拠だった。妖術か魔術か、はたまた不思議の国の単なるいたずらか。

蝶と魔法のつながりは、人類の歴史に匹敵するほど古いアイディアだ。ギリシャ語のpsycheには、蝶と魂の二つの意味がある。古代ギリシャ人は、蝶は「墓」から抜け出したとたん、未知の世界を目指して羽ばたいていくと信じ、人間の魂も同じように、地上とのつながりを捨てて天へと向かうと考えた。

一方、イモムシは「悪魔の虫」だった。一六二四年、詩人にして司祭のジョン・ダンは説教のなかで、世界を「食い荒らそうとたくらむ、蛇、蝮《まむし》、邪悪で有害な生き物、蚯蚓《みみず》、芋虫ども」を厳しく糾弾した。

こうした誤解の原因は、人々が自然発生を固く信じ、当然のものと思い込んでいたことにあった。ウジは肉から自然発生する。汚れた下着と小麦をガラス瓶に入れておけば、ネズミがひとりでに生まれる。「教養人たちでさえ、時には女性がウサギやネコを出産すると考えていた」[5]と、マシュー・コッブは言う。シェイクスピアはナイル川の泥からワニが自然発生すると記した。腐った雄牛の死骸から、魔法のようにミツバチが現れる。世紀の天才であり、地球が太陽を周回する楕円軌道を数学的に表現したヨハネス・ケプラーでさえ、イモムシが時に樹木の「汗」から自然発生すると述べた。

世界は気まぐれだという考えは代償を伴った。ウリンカ・ルブラックは著書『天文学者と魔女（The Astronomer and the Witch）』のなかで、ケプラーが魔女として処刑されかけた母親を救うため、研究を中断した逸話を紹介している（ケプラーの母は、子牛に後ろ向きに乗って死なせ、さらにはネコに変身した罪に問われた）。

わたしはルブラックに、ケプラーは魔法を信じていたのか尋ねた。

「彼が魔法を信じていなかったと考える根拠はありませんし、当時はほぼすべての人が信じていました」と、彼女は答えた。

誰も安全ではなかった。誰もが容疑者になり得た。


そんな魔術的思考の世界に、どこまでも理性的で芸術の才能に恵まれたマリア・シビラ・メーリアンは生まれた。聡明で勤勉で忍耐強い彼女の存在そのものが、偶然がつくりだした奇跡と言っても過言ではなかった。正規の教育を受けず、家事や料理に追われながらも、蝶を愛するがゆえに、彼女は博物学の金字塔を打ち立て、一七世紀でもっとも重要な科学的イノベーションである、綿密な観察の手法を確立した。メーリアンがドイツのフランクフルト・アム・マインに生まれた一六四七年当時、綿密な観察を通じて真実に迫るのは異端の行為だった。事実上、「科学的手法」と呼べるものはまったく存在しなかった。

彼女は一三歳の時、悪評に一切耳を貸さず、イモムシに恋をした。彼女はイモムシを見下さず、かれらに美を見出した。かれらの多くが忠実で、特定の種の植物だけを食べ、ほかを避けることを発見した。彼女はイモムシが卵から孵り、何度か脱皮しながら成長し、蛹になるまでを観察した。そして蛹から姿を現すのは、イモムシから成長した、決まった種の蝶であることを明らかにした。

彼女の画期的な発見は科学の世界を一変させた。メーリアンはただ綿密に記録をつけただけではなかった。見たものを絵に描き、写真のない時代に、何より必要だった発見の証拠を残した。これらの水彩画は、卓越した作品であるとともに、彼女の観察に科学的根拠をもたらした。半世紀以上にわたってイモムシ、蝶、蛾を研究した彼女は、自然発生がまったくのでたらめであることを裏付ける、客観的証拠の数々を徹底的に示した。そして、自然界には秩序と理性があり、そのなかの関係は行き当たりばったりではなく、一貫性と信頼性があるという、新たな世界観を提示した。

彼女の研究の成果を、わたしたちは今でも見ることができる。女性であるという理由で権威ある学術誌に出版を拒否された彼女は、記録と絵画の両方の研究成果をドイツで、のちにはアムステルダムでも自費出版した。科学的正確さと芸術的価値を兼ね備えた作品は、すぐさまベストセラーになった。

同じく性別を理由に研究資金の調達にも苦労したが、それでも彼女は自費で、娘ひとりを連れ、ヨーロッパ初の目的特化型の西半球への科学調査に赴いた。彼女は唯一無二の存在であり、一七一七年に世を去る頃には、科学界で絶大な尊敬を集めていた。

すべては蝶を愛したがゆえだった。

彼女は一七世紀の女性という基準に照らして特殊だった、というだけでは不十分だ。野原や庭園を歩いてイモムシを集めるだけで、社会不適合者、あるいは魔女とみなされる危険があったのだ。彼女の身に迫る危険を誇張しているわけではない。その証拠に、ダーウィンは『ビーグル号航海記』に、南アメリカ西岸を訪れたあるドイツ人科学者が、イモムシを家に持ち帰り蝶を羽化させたせいで黒魔術を疑われ投獄された逸話を記している。しかもこれは一九世紀、メーリアンより二〇〇年もあとの話なのだ。

それでも、メーリアンは何事もなく乗り切った。[6] 知られているかぎり、彼女は魔女の嫌疑をかけられることも、女性らしからぬ言動のせいで告発されることもなかった。むしろ彼女は「知恵の女神ミネルヴァ」にたとえられ、作品は「驚異」と称えられた。彼女の「たゆまぬ献身」ぶりは高く評価され、フランス昆虫学の父と呼ばれるルネ＝アントワーヌ・フェルショー・ド・レオミュールは、彼女の「真に英雄的な昆虫愛」を賞賛した。彼女が亡くなったその日、ロシアのピョートル大帝は、アムステルダムのアトリエにあった彼女の作品のほとんどを買い占めた。

メーリアンの研究は後世に大きな影響を与えた。リンネは彼女の著作の助けを借りて分類学を確立した。一九世紀、偉大な鱗翅目学者ヘンリー・ウォルター・ベイツは著書『アマゾン河の博物学者』のなかで、以前は研究者たちの嘲笑の的だった彼女の知見を裏付けた。サミュエル・スカッダーをはじめ、米国のヴィクトリア時代の鱗翅目学者たちも揃って彼女を称えた。二〇世紀、著名作家にして鱗翅目学者でもあったウラジーミル・ナボコフは自伝『記憶よ、語れ』のなかで、幼少期に影響を受けた人物としてメーリアンの名前をあげた。

近年、美術史家のゴーヴィン・アレクサンダー・ベイリーは彼女を「科学史のなかでもっとも特異な人物のひとり[7]」であると評した。ナチュラリストのデヴィッド・アッテンボロー[8]は、イェール大学出版会から二〇〇七年に刊行された著書『驚くべき希少なものたち（Amazing Rare Things）』で彼女の作品を取り上げた。歴史家のナタリー・ゼーモン・デービスによる一九九五年の著書『境界を生きた女たち』によれば、メーリアンは「パイオニア」であり、最初の生態学者であり、「好奇心旺盛で、強い意志と多岐にわたる才能をもち(9)、宗教観と家族観が大きく変化する時代を、自然界のつながりと美を情熱的に探求し生き抜いた」人物だ。生物学者のケイ・エスリッジは彼女の作品を「類を見ない」ものと称え、「博物学の新基準を打ち立てる画期的な貢献」を果たしたと述べた。

彼女の死から三〇〇年近く経った二〇一四年、マリア・シビラ・メーリアン協会が設立され、さらに二〇一六年、著書の精巧な複製が、原著出版から三世紀以上の年月を経てオランダの博物館により復刊された。

わたしはその本を購入した。ページをめくるたび、美しさとディテールに圧倒された。それまで彼女の名前も知らなかったというのに。

もっと知りたいと、わたしは思った。

メーリアンは裕福な生まれではなかったが、彼女の家庭は別の特権を享受していた。フランクフルトで芸術・印刷・出版業に携わっていたのだ。当時のフランクフルトは流行と変化の最先端を行く自治都市で、出版業と知識階級の中心地のひとつだった。メーリアンは早いうちから美術出版の世界に身を置いた。今もよく知られるフランクフルト・ブックフェアは、彼女が生まれた頃にはすでに一〇〇周年を迎えていた。彼女にとって本は生き方そのものだったのだ。

油絵を（男性専用という理由で）禁じられた彼女は、水彩で花を描きはじめ、やがて目にした自然の色彩を絵の具を混ぜて再現するエキスパートになった。そこまで正確に昆虫を描こうとした芸術家はそれまでほとんどいなかった。だが彼女は、世界の美しさをできるかぎり忠実に表現したかった。彼女は自身がつくりだす赤を、花弁の赤、蝶の鱗粉の赤、イモムシの体色の赤とまったく同じものにしようと努力した。

彼女は父の印刷所で、花の販売広告のカタログを描く手伝いをした。チューリップ・バブルの時代だった。花の販売は巨大ビジネスで、商品情報を求める顧客のため、イラストはどこまでも正確でなければならなかった。父親がおこなった学術文献の刊行にも彼女が協力していたのは確実だ。彼女はこうした文献の一部を読んでいたはずだし、議論が交わされるのを聞いていたかもしれない。印刷所で著者たちにも会っていただろう。

一七世紀の大きな科学的論争といえば、テーマは生命の発生だ。生命はどこからやってくるのか？　自然発生でないとすれば、何なのか？　一部の科学者は、ヒトを含めすべての生命は、ニワトリと同じように卵から生まれると考え、そこには魔法も錬金術も存在しないとした。この主張は、二〇〇〇年後のチャールズ・ダーウィンの進化理論に匹敵する、既存の体系に対する挑戦だった。

この論争に足を踏み入れたメーリアンは、イモムシ、蝶、蛾の生き方と、かれらのお気に入りの植物についてフィールドノートをつけ、水彩画に表現するようになった。彼女は五〇年にわたり、かれらが何を食べ、どのように交尾し、蛹や卵がどんな見た目をしているのか調べつづけた。

メーリアンは鱗翅目の生活環に関して世界一の専門家になった。単一の種について研究した者はほかにもいたが、ひとつのシステム全体を包括的に理解したのは彼女だけだった。豊富な知識に基づき、彼女は以下の事実を証明した。（1）蝶は交尾をする、（2）蝶は産卵する、（3）特定の種のイモムシが卵から孵化する、（4）イモムシは特定の種の植物を食べる、（5）一定期間ののち、イモムシは蛹になる、（6）さらに一定期間ののち、特定の種の蝶が羽化する。

どれも今のわたしたちには当たり前だが、一六〇〇年代の人々にとって、安定した生活環を記述するのは画期的なことだった。生命の混沌には法則があったのだ。メーリアンのイモムシの表現は比類なきものだった。彼女は間違いなく誰よりも器用だった。イラストには、イモムシの体節から生えた毛の一本一本まで綿密に描かれていた。当時の虫眼鏡と原始的な「顕微鏡」の助けを借りて、メーリアンは史上初めて、イモムシの緻密なディテールを観察することに成功した。

成果が世に出なければ研究は意味をなさない。そこで、妻であり二児の母だった三二歳のメーリアンは、著書を刊行することに決めた。『イモムシのすばらしき変態と奇妙な食草』（正式なタイトルはもっと長いのだが、読者のみなさんはきっと読む気にならないだろう）と題する一六七九年の著書は大成功を収め、購入希望者が殺到した。

「まずはっきりさせておこう。一般にすべてのイモムシは、事前の交尾を経て産みつけられた卵から誕生する」と、彼女はまえがきで述べた。彼女は豊富な証拠を提示した。最初のイモムシの本で五〇の例を示し、第二弾、第三弾でも同じだけ、合わせて一五〇の具体例を出した。

今日まで残る初版本は多くないが、ニューヨークの米国立自然史博物館に一部が収蔵されている。学芸員のマイ・ライトマイヤーが親切にもわたしに見せてくれた。

一般に、こうした小さくもろい書物は経年劣化に弱い。わたしに本を見せる時、ライトマイヤーは手術用手袋を着用し、わたしが見ている間代わりにページをめくった。

わたしたちは背をかがめ、ページをめくるたびに展開する奇跡に目を凝らした。版画の明快さと優美さに、二人とも驚きを隠せなかった。

植物は細部に至るまで緻密に表現されていた。イモムシに食べられた葉は、まさに実際に損傷した葉そのままに描かれていた。なかには葉脈だけを残して完全に丸裸にされた葉の絵もあった。一部のイモムシは、実際に食草をこのように食べる。

彼女が示したイモムシの齢期（幼虫の発達の各段階）の描写は見事というほかなかった。メーリアンは昆虫の体にあるすべての斑点を丹念に記録し、色素に関する圧倒的な知識に基づき、正確に同じ色で再現して描き上げた。ある緑色のイモムシには、生体を見たままに、鮮やかな黄色のドットで微細な線を描写した。

さらに驚くべきは、彼女がさまざまな生物の生態を図示したことだ。彼女は何もかもを描き出した。齢期によって体色が変化するイモムシならば、その通りに描いた。葉に残る食痕の形状も正確に示した。しばしば蛹も描いた。同種の蝶のオスとメスで外見が異なる場合は両方のイラストを掲載した。

これほど精緻な作品はまれだった。だが、これほどまでに驚異の完全性と正確性を備えた情報は、ほかには一切存在しなかった。生物学者で科学史家のケイ・エスリッジは、メーリアンについて詳しく検討した論文「マリア・シビラ・メーリアンと博物学の変容」を二〇一〇年に刊行した。タイトルがすべてを語っている。メーリアンは「特定の分類群の生物を対象に長期研究をおこなった最初期の博物学者のひとり」であったと、エスリッジは論じた。

歴史家のナタリー・ゼーモン・デービスは、著書『境界を生きた女たち』でメーリアンのイモムシの本の一節を翻訳したものを引用し、読者を彼女の豊かな表現力の片鱗に触れさせた。メーリアンは、サクラの木に依存するある種の蛾について論じる文章のなかで、幼い時にこの蛾を見たことがあり、色彩に魅了されたと語った。「神の思し召し」によって「イモムシの変態」を発見し、ついに長年の憧れだった蛾とある種のイモムシを結びつけた彼女は、「わたしは至上の喜びに包まれ、念願をついに果たした達成感に満たされ、言葉にできない心情だった」と述べている。

それでも強いて言うならと、彼女は恍惚とそのイモムシについて語った。「美しい緑色は春の若草のようで、洒落た一本のまっすぐな黒いストライプが背中を端から端まで通る。体節ひとつにつき一本の黒い横縞と、真珠のように輝く四つのビーズ状の白点がある。そのなかに……」堰を切ったような彼女の歓喜の言葉は、こんな風に数百語にわたって続く。

メーリアンは夫のもとを離れ、先進都市として発展するアムステルダムに落ち着いた。そこは当時から芸術、科学、啓蒙思想の中心地だった。裕福なコレクターたちは彼女に蝶の標本を見せた。

そのなかに、中南米産の壮麗なブルーモルフォがいた。今でも多くの蝶愛好家の垂涎の的となっているこの種の標本に、彼女は感銘を受けつつも、もどかしい思いを抱いた。

死んだ蝶は無意味に感じられたのだ。この蝶はどんな暮らしをしていたのだろう？　どの植物を食べるのか？　寿命はどれくらい？　どんな飛び方をする？　イモムシの見た目は？　蛹の期間は何日？　彼女はこうした疑問の数々に心を乱された。何としても答えが欲しい。

こうして一六九九年、彼女は作品を売って研究資金を調達し、船に乗り、二一歳の娘ひとりだけを連れてスリナムに向かった。五二歳の時だった。独身女性としてはおろか、それまでヨーロッパ人の誰ひとりとしてなしとげたことのない試みだった。西半球に向かうヨーロッパ人のほとんどは富を求めた。強制的に送り込まれた人々や、王や国から命を受けて旅立つ人々もいた。

メーリアンの目的はただ好奇心を満たすことだった。チャールズ・ダーウィンが赴いたような、大規模な科学調査遠征が実施されるようになるのはずっとあとの時代の話だ。何の後ろ盾もなく自費で大西洋を渡り、科学的疑問の解決のために単独フィールド研究をおこなった人物は、彼女以前にはひとりとして存在しなかった。

歴史家のデービスは彼女を「強情」だったと評するが、ここまでのリスク志向は強情の域をはるかに超えている。メーリアンの娘は発見したイモムシを捕獲し、育て、羽化させる作業を手伝ったが、それでもスリナムでのフィールドワークは過酷を極めた。彼女は当初五年間の滞在を予定していた。だがマラリアと思しき病気にかかって生死の境をさまよったあと、二年で切り上げて帰国する決断を下した。

このフィールド調査の結晶は『スリナムの昆虫における変態（Transformation of the Surinamese Insects）』として一七〇五年に刊行され、ヨーロッパを席巻した。現代でいえばハリウッドの大ヒット映画に匹敵するこの本は、物理的にも巨大で、幅三五センチメートル、高さ五五センチメートルに達した。自身が見てきた自然の驚異を表現するにはこれくらい規格外のサイズが必要だと、メーリアンは考えた。

初版本はメーリアンと娘たちの手により緻密な彩色が施された。オランダの国立図書館には一部が所蔵されていて、コレクションのなかでも屈指の「大傑作」であり「文化遺産」と評されている。残念ながら、初版本の多くは解体されページ単位で転売されてしまった。中流階級向けの以降の版は白黒で、ぐっと抑えた価格で販売された。

メーリアンが鱗翅目の成長段階に魅了されたのは、変化を求める彼女の秘めたる願いの表れだった。そんな風に考えたとしても、突飛な妄想とはいえないだろう。彼女は主婦になる定めを背負って生まれた。けれども彼女は生まれながらの科学者で、常識をただ受け入れるのではなく、真実の発見へと駆り立てる好奇心にあふれていた。やがて彼女はみずから運命を切り拓き、成功を収めた。「彼女がもし自身の生涯を描いたとしたら、きっと最愛の昆虫たちになぞらえただろう」[10]と、古昆虫学者のマイケル・エンゲルは述べる。「彼女自身の変容が、啓蒙時代の黎明期に、女性のあるべき姿を完全に描き変えた」

エスリッジの言葉を借りれば、メーリアンの作品は「勢いを増す知の奔流に注ぐ重要な支流のひとつであり、その流路を大きく変えた」[11]。彼女の絵はしばしば刺激的で、蝶だけでなく、世界最大のタランチュラなどの恐ろしげな生き物や、ヨーロッパにはない官能的な果実をつける美しい植物、例えばパイナップルやスイカや熟したザクロも描かれた。カエル、トカゲ、ヘビ、鳥。恐ろしげなヘビを襲うワニ。ヨーロッパの人々はそうした恐怖さえも楽しんだ。

「幼少の頃から、わたしは昆虫の研究に邁進してきた」と、本の冒頭で彼女は語った。「そのためにわたしは人付き合いを断ち、研究に没頭した。絵画の技術を磨き、かれらの生きたままの姿を絵に残すため、わたしは見つけた昆虫を一匹残らず、上質皮紙《ベラム》に緻密に描いていった。最初はフランクフルト・アム・マインで、そのあとはニュルンベルクで」

ほとばしるような描写のなかに、ブルーモルフォに関するものがあった。「スリナムで見つけたこの黄色いイモムシにザクロの葉を与えた。四月二二日、イモムシは体を固定し、灰色の蛹になった。五月八日、蛹からこの美しい蝶が羽化した。（翅は）青と銀色で、茶色の縁取りに、ところどころ半月型の白斑が散る。裏面は茶色で黄色い目玉模様がある。飛翔はとても速い」

続いて、彼女は最新テクノロジーを使用した結果に触れた。

「虫眼鏡を通してこの青い蝶を観察すると、規則正しく整然と並んだ屋根瓦のような、青いタイル状の構造が見える。クジャクの羽のような幅広の羽毛に似ており、目を見張るほどの輝きを放つ」

「言葉ではとても表現できないので、ぜひ（虫眼鏡で）見てみてほしい」

蝶の翅の美しさには本質的な要素がある。二〇世紀にマーク・ロスコやジャクソン・ポロックが描いた作品のように、力強く麗しい蝶の翅の色は、単純かつ直接的で原始的なやり方で、わたしたちの神経回路を刺激する。わたしたちは凝視し、二度、三度、四度と見返す。目の前にあるものはいったい何なのか？　ヒトの眼はその変幻自在の色を明確に捉えられない。

メーリアンもこの現象に見舞われたようだ。ブルーモルフォの「見事な光沢」は彼女を幻惑し、もどかしい気持ちにさせた。どんなに頑張っても見たものを再現できない。翅の色の本質はじつに捉えどころがなかった。

蝶の効果、すなわちその性質、移ろう色、主観的価値もまた、把握するのが困難だった。蝶はまるでシュレディンガーの猫だ。飛ぶのをやめさせてしまえば、ブルーモルフォの蠱惑的ではかない美は消え失せる。その翅が示す無数の色は、虹の七色よりもつかの間のものだった。ある瞬間には緑に見え、見返すと今度は紫。そこから漆黒に変わったかと思うと、再び鮮烈な青が戻ってくる。見る角度を変えても、イリデセンスは変化する。

テレビとコンピュータースクリーンのおかげで、現代のわたしたちはある程度、絶え間ない閃光ときらめきの洪水に慣れている。これらも蝶の翅と同じく、ヒトが生まれもった神経回路に訴えかける。メーリアンの生きた時代を考えれば、彼女が至福に包まれたことは想像にかたくない。スクリーンが人類を支配するまで、こうした視覚体験はまれだった。

それでも、おびただしい色の過剰供給を受けている現代のわたしたちでさえ、催眠にかかったようにブルーモルフォに魅了される。蝶を飼育する大型温室、バタフライハウスに行ってみれば、ブルーモルフォはどこでも一番人気だ。子どもたちは情熱を抑えきれず、ブルーモルフォを追いかけ回しているだろう。あの蝶が欲しいのだ。

僻地を飛ぶブッシュパイロットは、ジャングルの数十メートル上空からでもブルーモルフォを見つけられる。オスの真っ青な翅のまばゆい輝きはそれほどまでに強烈だ（メスも青いが、オスほど派手でも大胆でもない）。イェール大学の鳥類学者で蝶愛好家でもあるリチャード・プラム(12)は、ある霧のかかった三月の朝、インカ帝国の古都クスコにほど近い、ペルーアンデスの東側斜面を歩いた時に起こったできごとを話してくれた。

「そこはモルフォにとってドンピシャの標高だったんです」。日が昇り暖かくなってきて、霧が晴れたとたん、彼は「フラッシュモブ」に遭遇した。突如として数十匹の蝶たちが、彼の頭上数メートルの場所を飛び回りはじめたのだ。目も眩むほどの輝きが、頭上でひっきりなしに炸裂した。

もしもメーリアンに走査型電子顕微鏡が使えたら、わたしたちの脳の視覚回路に強烈なショックを与えるモルフォのオパールのような色は、彼女が考えていたような色素ではなく、鱗粉の構造そのものに由来するとわかっただろう。彼女は物理の犠牲者だ。モルフォの超越的なきらめきのオーラは、けっして水彩画に落とし込むことはできなかった。

青は奇妙な色だ。空の色、海の色としてありふれていながら、青い色素は例外的だ。メーリアンの時代、作品に青を取り入れた芸術家は、文字通り高い代償を支払った。青い絵の具は調達が難しく、非常に高価だったのだ。当時は半貴石のラピスラズリを原料とするものがよく使われた。

自然界の青色のほとんどは色素ではなく、見ている物体の表面構造に由来する。じつは青い眼でさえそうだ。ヒトの眼の虹彩に青い色素はない。青く見えるのは、青の波長を除いてほとんどの光を散乱させる構造のおかげだ。

日常生活のなかでもっとも身近な構造色といえば、石鹸の泡の表面に見える色とその変化だ。石鹸水に輪を浸し、空気を吹き込めば、ふわふわと漂う泡の表面に、移ろい変化するさまざまな色が見える。構造色と呼ばれる現象の一例だ。物体の構造に起因する光の散乱によって生じる色は、わたしたちの視覚ニューロンを強く刺激する。

抜けるような青空（大気中の結晶構造が生み出す）はわたしたちの注意を惹き、爽快な気分にさせてくれる。ずっと昔のある夏の日、バーモント州南東部にいたわたしは、雲と霧雨の切れ間からグリーン山脈を彩る、白昼夢のような青空の一角に魅せられた。はるか遠くのその欠片を目指し、わたしは車に飛び乗って、州を横断して追いかけた挙句、ニューヨーク州との州境まで走らせた。結局、捕まえることはできなかった。

初めてブルーモルフォを見た時も、わたしは同じくらい虜になった。瞬時に純粋な興奮で心が沸き立つのを覚え、そのあとわくわくするような欲深な喜びが押し寄せた。もっと欲しい。青い翅は魔法をかけたかのように、わたしを釘付けにした。鮮烈で大げさで、まるで色自体が生きているかのようだった。正確な色調はつかめなかった。石鹸の泡のように、青い翅は踊りつづけた。緑がかっている？　暗くなった？　黒い部分がある？　翅の色は揺れ動いた。

これこそ母なる自然が予期した通りの反応だ。見る者が驚き、困惑するほど、蝶は逃げる時間を稼げる。

フィレンツェのウフィツィ美術館に展示されている『聖家族』で、ミケランジェロはこれと似た効果を生み出した。聖母マリアの衣服の青い部分は揺れ動き、ちらつく。この作品と対峙した時、わたしは深く引き込まれた。ブルーモルフォを見た時や、バーモント州にかかる青空の欠片を追いかけた時と同じ感覚だ。まるで催眠術師が懐中時計を眼の前で左右に揺らしているかのようだった。

ブルーモルフォの目眩しに決定的な役割を果たすのが、鱗粉の形だ。

鱗翅目の発明である鱗粉は、翅だけでなく体や脚をも覆う。蛹のなかで成虫が発達するにつれ、ひとつの生きた細胞が二つに分裂する。これらが最終的に、鱗粉を支えるソケット部分と、鱗粉そのものになる。

成虫の蝶を覆う鱗粉は死んだ細胞だ。けれども、かつて蛹の中ではこの鱗粉も生きた細胞であり、核や細胞質といった通常の細胞にあるパーツがすべて、多層構造で伸縮性のある細胞膜に包まれていた。ポリ袋に液体が入っていて、その液体のなかにさまざまな物質が漂っているのを想像してほしい。わたしたちヒトの身体も、こうした細胞が無数に集まってできている。

蝶が発達するにつれ、鱗粉のもとになる細胞は死に、内部の構成要素は消失する。けれども細胞膜は残る。伸縮自在のポリ袋のようだった表面は硬化するが、その前に光を特殊な形で反射する構造を形成する。

鱗翅目のほとんどの種において、死んだ鱗粉の内部は空洞だ。鱗粉は規則正しく、平行に列をなして翅の上に並んでいる。メーリアンはモルフォの翅の鱗粉が整然と並ぶさまに言及しており、彼女がテクノロジーを利用してそこまでは認識していたとわかる。

鱗粉は長い糖鎖でできたキチンと呼ばれる硬い物質でできている。ひとつひとつは非常に小さく、ヒトの眼には埃や粉にしか見えない。蝶の鱗粉はとても細かいため、大量の標本を扱う人たちはフェイスマスクを着用し、吸入による肺疾患を防ぐ。

鱗粉は翅にしっかりと縫いつけられているわけではない。翅から多くの鱗粉がはがれると、翅が透明に見えることもある。研究者たちは飛翔中に鱗粉が蝶の揚力を増していると考えているが、かなりの鱗粉を失った蝶も問題なく飛びつづけられる。年取ってくたびれたように見える蝶は、大量の鱗粉を失ったせいで色あせ、地味になっている状態だ。

鱗粉の形状と重なり方のパターンは種によって異なる。あるものは長く毛のような鱗粉をもち、ほかのものは昔ながらのカヌーのパドルの先端のような鱗粉をもつ。

蝶の鱗粉は多目的だ。簡単に剥離するため、身を守るのに役立つ(13)。粘着力のあるクモの巣に捕まっても、鱗粉を「脱ぐ」ことで簡単に脱出できる。有刺鉄線に引っかかったジャケットを脱ぎ捨てていくようなものだ。

鱗粉の色もまた、注意を惹きつけたり、逆に姿を隠すのに便利だ。ブルーモルフォが翅を広げると、光沢のあるブルーに誰もが釘付けになる。陽射しの中をこれ見よがしに飛ぶ姿に気づかない人はいない。

けれども、じつはモルフォはそうすることで風景に溶け込み、隠れてもいる。かれらの戦略は「衝撃と畏怖」だ。鱗粉が反射する不安定な光は敵を混乱させ、わたしたちの眼は何を見ているのか正確に判断できなくなる。二度見、三度見、四度見する天敵はヒトだけではない。鳥などの捕食者も驚き、狙いを定めるのに手こずるかもしれない。こうした一瞬のとまどいによって、蝶が逃げおおせる隙が生まれる。

ブルーモルフォにはほかにも色に関連する防御戦略がある。落葉層の上で休んでいる時など、翅を畳むと、完璧に自然の背景に溶け込むのだ。翅の下面は地味な茶色、小麦色、黒の鱗粉で覆われていて、そのなかにひときわ目立つ、オスのクジャクにあるような目玉模様がある。「数がいれば安心」と言わんばかりに、最大で五つも並ぶこの目玉で鳥を退散させるのだ。下面に青い輝きはまったくない。樹皮に止まって休んでいれば、見つけるのはほぼ不可能だ。その姿からは、畳んだ翅の内側に驚異の色彩が隠れているとは思いもよらない。

多くの種の蝶がこうした「二重人格」を備えている。コノハチョウ *Kallima inachus* は乾ききった枯葉に驚くほどそっくりだが、それは畳んだ翅を立てて休んでいる時の話。翅を広げると、まったく別の姿に変身する。陽射しの中でまばゆく輝く青に、けばけばしいオレンジの太い縞が走る。

蝶の芸術はどうやら、隠れてダメなら堂々と見せつけろ、という基本方針に沿っているようだ。マリア・シビラ・メーリアンの時代から二世紀後、この二面性のある戦略は進化をめぐる論争の的となった。ダーウィニストがこれを進化の証拠と捉える一方、反進化論者は蝶の複雑な美は神の創造物でしかありえないと主張した。

マリア・シビラ・メーリアンが当時のテクノロジーでけっして観察できなかったのが、鱗粉の表面の微細構造だ。つい最近になって、ようやく科学界に知られるようになった。一握りの鱗粉の専門家たちにとって、微細構造の発見はビッグニュースだった。かれらはエンジニアと手を組んで細部を分析し、そこからコンピューターの演算速度やエネルギー効率を飛躍的に高める可能性を示した。

ニパム・パテルはテキサスで育った。八歳で蝶の採集を始め、わたしが彼を訪ねた頃には研究者としてのキャリアが三〇年に達し、集めた標本数は五万点を超えて、ヴィクトリア時代の有名コレクターに肩を並べていた。二〇一八年、パテルはカリフォルニア大学バークレー校の研究室を退き、わたしの家からほど近い、マサチューセッツ州ウッズホールの名高い海洋生物学研究所の所長に就いてほしいと打診された。彼は受諾の条件として、[14]一四〇年の歴史を誇る研究所に新たな施設を建設するよう求めた。蝶コレクションのための近代的な収蔵室だ。それがなければ誘いを断っていたと、彼は言う。

パテルは生物が卵からおとなまでどう成長するかを研究する発生学の権威だ。つまり、マリア・シビラ・メーリアンの学問上の後継者といえる。パテルのラボは長年、ブルーモルフォの翅の発達を研究してきた。彼ら研究チームは蝶の羽が完全な状態へと発達する過程を観察する方法を考案した。タイムラプス動画を分析することで、「翅の前段階」から飛び回る蝶のきらめく翅へと変化するさまが理解できる。

パテルは現在、美の物理的側面について考えることに情熱を注いでいる。ウッズホールを訪ねたわたしに、彼はそう教えてくれた。

「光が加わると、不思議なトリックが生まれます」と、彼は言った。

彼は石鹸の泡と虹の色を引き合いに出した。油膜でも同じような現象を見たことがある、とわたしは答えた。

続いて彼は、クリスマスツリーの写真を見せてくれた。といっても本物の樹ではなく、蝶オタクの科学者たちが「クリスマスツリー」と呼ぶ構造のことだ。パテルのラボだけでなく世界中で、研究者たちはモルフォの鱗粉を縦にスライスし、電子顕微鏡を使って観察して、そこにある特殊な規則正しい構造を発見した。その形は松の木を思わせた。

ナノスケールで整然と配置され、恐ろしく精密なこの松の木構造が、色を生み出すのだ。この突拍子もない、美しく奇妙な事実を理解するために、鱗粉がもともとは柔軟な生きた細胞で、内部にさまざまな「中身」を内包していたことを思い出そう。

細胞膜は最初は不定形のポリ袋のようだった。[15] 蝶はこの「ポリ袋」つまり細胞膜を湾曲させ、光を特定のパターンで反射する特殊な形状に変化させる。鱗粉細胞の内部のタンパク質を利用して、物理的な力が細胞膜を歪め、予定通りの形に曲げていく。

わたしはイェール大学のリチャード・プラムにこの話をした。

「モルフォでは、〈ゴミ袋〉はとげだらけの長い畝を形成し、その表面にだんだん折りじわができていきます」と、彼は説明した。

わたしはこの奇妙な現象を説明するのに適したたとえを探したが、まったくお手上げだった。蝶の鱗粉が不定形で柔軟な生きた細胞膜から、死んで硬化し特定のナノレベルの形をもった構造になる過程は、わたしの知るかぎり何にも似ていない。

膜が死んでいくのと平行して、ほとんどの種類の蝶の鱗粉は畝を形成する。規則的で反復的で整然とした、トタン屋根の波状の表面を思い浮かべてもらえばいい。この繰り返しが光を操るのに役立つのだ。やがて波そのものも湾曲して伸び、松の木が形成される。

ブルーモルフォの鱗粉は太陽光を跳ね返し、さまざまな波長が「放り出され」、つまり散乱する。青というたったひとつの波長だけが規則性を保ち、観察者の眼に効果的に映し出される。

モルフォの色がじつに魅力的な理由のひとつがここにある。この青は純粋だ。混じりけがなく、清浄で、フレッシュだ。色素でつくられる色にこうした特性はみられず、比べるとむしろ地味で見劣りする。

読者のみなさんはこう思っているかもしれない。確かに興味深いけれど、だから何？　微細構造を発見するのにそれほどの時間と費用をつぎ込む理由は？　じつは、こうした特徴を研究することには、審美的な理由だけでなく実用的な理由もある。ブルーモルフォの鱗粉構造の発見は、多くの人命を救う結果につながるかもしれない。

ウクライナ生まれの物理学者・化学者・生物学者・電気技師、ラディスラフ・ポティライロは、大気中の有毒ガスを検出する選択的蒸気センサーを開発した。彼の研究はありとあらゆる実用的な応用が検討されている。例えば、ぜんそく患者を救い、火山から噴出する有毒ガスを検出し、地下鉄に散布された毒物を発見するなどだ。

ポティライロは既存のさまざまなセンサーを手に入れたが、どれも気に入らなかった。安価なものは性能が低く、そうでなければあまりに高価なうえ重くて携帯しづらいものばかりだった。

「靴箱やラップトップコンピューターのような機械はポケットに入りませんよね」と、彼はわたしに説明した。確かにその通りだ。

市場にはすでにもっと小型のセンサーもあったが、まともに機能しなかった。ぜんそく患者が持っている小型センサーが危険を知らせる警告音を発しても、よく調べてみると無害な物体、例えばチーズから発生したにおいに反応しているだけ、といった事例が多々あったのだ。

彼は大型センサーの性能と、小型センサーの利便性を兼ね備えたデバイスを開発したかった。同僚のひとりが講演で、ブルーモルフォの鱗粉の形状について話すのを聞いてひらめいた。とくに蝶好きではなかった彼は、鱗粉について深く考えたことなどなかった。けれどもその講演にヒントがあった。同僚が示した、鱗粉のあの松の木状の断面だ。

ポティライロの言葉を借りれば、彼は「生物感化《バイオインスパイア》」された。彼は鱗粉の「設計法則」を抽出し（進化よ、ありがとう！）、自身のデザインに適用した。「蝶から着想を得た新たな構造を試してみたところ、驚いたことに性能が上がったんです」と、彼は言う。「わたしたちは最初、鱗粉のデザインを模倣し、そのあとは自然からのインスピレーションの枠を超えて改良を進めました。蝶がわたしたちの思考を解放し、未知の領域に導いてくれたのです」

ほかの種の蝶も「ゴミ袋」方式を用い、それぞれに違った表面構造と構造色をつくる。研究者たちが今とくに注目しているのが、鮮やかなメタリックグリーンを反射する構造をもつ鱗粉だ。この構造が蝶の鱗粉で発見された事実は、世界に（少なくとも科学界に）衝撃を与えた。

さかのぼること数十年、その構造は一九七〇年にはすでに理論的に提唱されていた。何年も数学的な試行錯誤を重ねた末に、NASAの物理学者アラン・シェーンが、軽量の新素材の開発過程で生み出した画期的なアイディア、それがジャイロイドだった。とてもクールな概念だ。シェーンが想定したジャイロイドは、奇妙な数学的表面特性をもつ三次元結晶構造で、ほとんど無限のエネルギーの流れをつくりだす。

　ジャイロイドを思い描くには、まず蜂の巣を、三次元で想像してほしい。さらにその三次元の蜂の巣では、ひとつの「ユニット（巣室）」からほかのどのユニットにも、無限に接続した迷宮を這いまわりさえずればたどり着くことができる。

　ジャイロイドは入り組んだ幾何学的物体であり、必要に応じて拡大・成長させることができるとシェーンは考えた。表面積を最小化する構造であるため、最小限の材料で非常に効率よく拡大できる。ジャイロイドは非常に大きなものから究極に小さなものまで、どんなスケールにも存在しうる[16]。シェーンは宇宙旅行に必要な、頑丈で軽量な素材という観点からジャイロイドに注目していた。

　彼のアイディアは定着した。サンフランシスコの科学館「エクスプロラトリアム」には、子どもたちがよじ登れる人間サイズのジャイロイドがある。テック企業はシェーンのアイディアをもとに研究を進め、太陽電池やコミュニケーションシステムの改良につなげることを目指している。純粋に人類の創意工夫から生まれた、革命的《レボリューショナリー》アイディアだと思われていた。

　ところが、これは進化的《エボリューショナリー》発明品だったのだ。

　蝶はヒトよりも数千万年前にジャイロイドを生み出していた。ミドリコツバメ *Callophrys rubi* は鱗粉の表面にジャイロイド構造をつくりだし、特定の波長の光だけを取り出して光の流れを操作する。ほかの波長はすべて四方八方に散乱し消失する。残留して目視できるのはひとつのエネルギーの波だけで、わたしたちの眼にはこれがきらびやかなメタリックグリーンに映る。

ジャイロイドは要するに光学フィルターの一種だ。マリア・シビラ・メーリアンの時代からある、ニュートンのプリズムを想像してもらえばいい。ただし、こちらは光を虹の七色に分けるのではなく、ひとつの特別な色だけを残し、ほかのすべてを無効化する。

ミドリコツバメのジャイロイドは、ある研究チームに言わせれば「自然界でもっとも対称で、もっとも複雑で、もっとも規則的な構造のひとつ」だ。オーストラリアのある研究チームはすでに、この蝶のジャイロイドを模倣して人工の立体構造をつくりだした[17]。いずれコンピューター産業において光エネルギーを操作し方向づけるチップへと開発が進み、はんだづけした電子基盤に取って代わることが期待される。偽札防止のロゴの改良に知見を役立てようとしている研究チームもある。

このような複雑な特性の話を聞くと、蝶の種が異なる配色を進化させるには途方もない年月が必要なように思えるかもしれない。ところが、こうした色の変化はほとんど一瞬で起こりうる。イェール大学の研究チームは二〇一四年、蝶が進化的に見て「瞬く間に」色を変えられることを明らかにした[18]。かれらは地味な茶色の翅をもつある種の蝶を、翅の一部だけが紫色の近縁種と交配させた。するとわずか一年後、六世代にわたって紫色をもつ個体どうしで交配した結果、地味な茶色は姿を消し、鮮やかな紫色の集団が誕生した。

鱗粉の色は季節によって変化することもある。アフリカに分布するある小さな茶色の蝶は、サバンナに生息し、一年のある時期には派手な目玉模様をもつが、その子世代は地味な色をしている。

半年間にわたる乾季を生き延びるにはその方が有利なのだ。じつに驚異的だが、動物は構造色を数億年にわたって利用してきたと考えられ、自然界ではむしろありふれたアイディアだ。一部の研究者は、恐竜も構造色を備え、色素色とあわせて、その羽毛は魅惑の色彩を示しただろうと主張する。

ところで、こうした話がチャールズ・ダーウィンや彼の理論に賛同した科学界の先駆者たちと、どう関係するというのだろう?

第5章　チャールズ・ダーウィンを救った蝶

蝶が雪のように舞っていた。
――チャールズ・ダーウィン『ビーグル号航海記』(1)

チャールズ・ダーウィンはメーリアンのことを知っていた。膨大な数の手紙のなかに名前を挙げこそしなかったものの、彼が所有していた百科事典には少なくともひとつ、彼女の作品が掲載されていた。ダーウィンが生まれる頃には、彼女がヨーロッパに広めた知識は広く受け入れられていた。ダーウィンの同輩の何人かは彼女に心酔していた。

若き日のダーウィンは英国政府が出資する探査船に乗り、五年かけて世界を回って採集や調査をおこなった。ビーグル号の航海の途中だった一八三二年と一八三三年、彼は南米沿岸の何カ所かに寄港した。ダーウィンの父は息子が航海中に不自由しないよう多額の資金を提供した。メーリアンと違い、彼は至れり尽くせりの環境にいた。

生涯の大半の間、ダーウィンは蝶にさほど興味を抱いていなかったようだ。学生の頃は遠出するたび、ほかの男子学生たちが蝶を追い回すのを尻目に甲虫を探した。探査航海の間も、彼はほかのヨーロッパ人たちと異なり、鱗翅目についてほとんど言及しなかった。一八三二年、リオ・デ・ジャネイロ近郊の森林に足を踏み入れたダーウィンは、「大きく美しい蝶がけだるげに羽ばたく」姿を目撃した。蝶マニアの恍惚とはかけ離れた文章で、石の下にいる奇妙な甲虫を発見したときの彼の興奮ぶりには遠く及ばない。

彼の無関心は、その後の三人のヨーロッパ人探検家が十分に埋め合わせた。いずれもヴィクトリア時代の熱狂的な蝶愛好家で、かれらによる翅の模様の研究は、ダーウィンの進化理論が自然のからくりの実態を表現したものであると裏付ける、最初の事例になった。進化は絶え間ないプロセスであり、はるか昔に起こってきただけでなく、現在も進行し、将来も続くと示したのだ。

世界を股にかけたダーウィンの冒険を描いた一八三九年の『ビーグル号航海記』、それにアレクサンダー・フォン・フンボルトや米国の蝶愛好家ウィリアム・ヘンリー・エドワーズの手による旅行記に魅了され、一八四八年、たがいを知る二人の若者たちが英国から南米に渡った。かれらは博物学標本の採集で生計を立てるつもりだった。

この二人、二五歳のアルフレッド・ラッセル・ウォレスと二三歳のヘンリー・ウォルター・ベイツは、落ちぶれて金銭問題を抱えたかつての中流階級の生まれだった。初等教育しか受けていなかった二人は、やがて科学界にその名を轟かせることになる。かれらの偉業の大部分は、蝶に魅了されていたからこそ実現した。二人は英国レスターの公立図書館で出会うとすぐさま意気投合し、同じ本を読んでは科学的関心について意見を交わした。だが、二人の将来は明るいとはいえなかった。ベイツは靴下工場の徒弟だった。しかも一八四八年といえば、ヨーロッパに革命が吹き荒れた年だ。海の向こうに冒険に出た方が、一山当てる見込みがありそうだ。

ウォレスとベイツは、南米での最初の一年をともに採集して過ごし、その後は別々に行動した。ウォレスは一八五二年に英国に戻るが、その途中で悲劇に見舞われる。船舶火災により、標本の大部分が海の藻屑と化したのだ。救出された彼は帰国当初、二度と外国になど行くまいと誓った。けれども程なくして、ウォレスはマレー諸島へと旅立つ。彼がそこで出会った蝶は、激しく感情をかき乱すほどに美しく、目撃後の彼はその日の終わりまでストレス性頭痛を抱えるほどだった。

東洋の地でマラリアと思しき病に臥せるなか、彼はあるアイディアを思いつき、「変種が原種から無限に遠ざかる傾向について」と題する短い論文にまとめた。それは取りも直さず、彼が独立に自力でたどり着いた進化理論だった。インドネシアの孤島でこの論文が書かれたのは一八五八年。ダーウィンが『種の起源』を発表する一年前だった。

ダーウィンとウォレスは知らず知らずのうちに、同じ問題に取り組んでいた。種は安定で不変なのか、それとも時とともに進化（変化）するのか？「自然のはしご」は不変性を前提とし、すべての種が固有の場所にとどまるという考えだった。これに対し、進化の概念は硬直性を否定し、絶え間ない変化と柔軟性の余地をつくりだす。あらゆるものがほかの何かに依存するのならば、本質的な「優越性」は成立しえない。

ベイツは南米に一一年滞在し[2]、一八五九年に英国に戻った。メーリアンが南米に渡ってから一六〇年後のことだ。一八五九年は驚きに満ちていた。西洋文明の根幹を揺るがす変化の舞台が整い、メーリアンの時代に始まった科学革命が、現代のわたしたちが生きる世界を生み出すブレイクスルーとして花開いた年だった。無名のニューイングランド住民だったモーゼス・ファーマーが妻のため、ボストンの北にあった狭い自宅のマントルピースに飾った世界初の電球を点灯し、電気時代の幕開けを告げた。ジョン・ブラウンがハーパーズ・フェリー武器庫を襲撃して口火を切った戦争は、やがて米国の奴隷制を終わらせる。チャールズ・ディケンズは『二都物語』で、危険に満ちた時代の到来を予言し、富裕層は貧困層のニーズに対処しなければならないと説いた。

そしてダーウィンは『種の起源』を著し、「自然のはしご」の支配に終止符を打った。『種の起源』は史上もっとも政治的に物議をかもす出版物のひとつだった。種が途方もなく長い時間を通じて進化し適応するなら、自然の秩序はどうなるのか？　自然界に秩序が存在しないなら、社会は成立しうるのか？　一部の人々が進化論者を悪魔の同盟者とみなしたのは無理もない。一八五九年、マリア・シビラ・メーリアンの科学研究がついに真価を発揮したのだ。生命が階層ではなく網だとしたら、誰が誰を支配するのか？　神が統治権を定めたのでないなら、行動の規範をつくるのは誰なのか？　ダーウィンは文明を崩壊の瀬戸際へと導く笛吹き男とみなされた。彼に対する敵意はすぐさま形成された。

信心深い昆虫学者のトーマス・ヴァーノン・ウォラストンは『種の起源』の書評のなかで、すべての種は不変であり、神の創造物であると主張した。蝶の存在自体がダーウィンへの反証だと、彼は述べた。「例えば、かくも驚くべき完璧な色合いを備えた、ある種の蝶の（優美で非の打ちどころのない才能により、彩色の法則にしたがって、芸術家の絵筆をもしのぐ腕前で組み合わされた）配色は、その体のほかの部分に生じた変化との単なる関連だけで生じるとは、とても考えられない……」(3)

この主張は、のちにウォラストンにとって都合の悪いものになる。蝶は不変どころか、ほどなく進化理論のまたとない実例だとわかったからだ。ダーウィンはウォラストンの批判に憤慨した。(4) かれらは以前に何度かこの問題を対等に議論したことがあり、ダーウィンは蝶を持ち出したウォラストンの批判を個人攻撃と受け取った。ダーウィンは無神論者だったが声高に主張するタイプではなく、他人の信仰心を大いに尊重していた。『種の起源』は『資本論』よりはるかに革命的だったが、著者であるダーウィンはマルクスと違い、革命家とは程遠かった。

彼はものごとを徹底的に、論理的な帰結に至るまで考えるのを好んだ。姿を現すだけで皆が喝采を送った晩年になっても、彼は脚光を浴びることには関心をもたず、ミミズの研究を続けた。彼の最後の著書のテーマだ。わたしがダウン村にあるダーウィンの邸宅「ダウン・ハウス」を訪ねた時も、この実験のミミズは土を掘り返していた。彼は科学の探求者であり、徘徊者であり、最後の最後まで著述家だった。最後の著書のタイトルは、『ミミズの活動による腐植土の形成――その習性の観察記録』［訳注：ここでは原題の The Formation of Vegetable Mould, Through the Action of Worms: With Observations on Their Habitsを忠実に訳した。邦訳は『ミミズと土』(平凡社、一九九四年)、『ミミズによる腐植土の形成』(光文社、二〇二〇年)」。またしてもキャッチーだ。

議論が白熱し、ダーウィンの「ブルドッグ」を自称する好戦的なトーマス・ヘンリー・ハクスリーなどダーウィンを支持する若い科学者たちが現れるなか、彼自身は保養地に隠遁し、長年悩まされてきた持病の療養に努めた(彼は愛娘の夭逝からずっと立ち直れずにいた)。彼は舌戦の沈静化を望んだが、そうは問屋が卸さなかった。彼が水療法を終える頃、論争は暴風のように吹き荒れていた。

ヘンリー・ウォルター・ベイツと彼の蝶が助け舟を出したのは、そんな時だった。

一八六一年三月、ベイツはダーウィンに宛てた手紙で、一部の蝶がほかの蝶を模倣して翅の色を変化させる証拠を見つけたと知らせた。かれらはこうして捕食を回避していると、ベイツは考えた。「この話題に関して、わたしの手元には膨大な証拠があります(5)」と述べ、ベイツは手紙をこう締めくくった。「類似種の組み合わせには本当に圧倒されるほどのものもあり、かれらはわたしにとって常に驚きとわくわくするような喜びの源です」

証拠! ダーウィンの眼は輝いたことだろう。それこそまさに彼に必要なものだった。ダーウィンがヴィクトリア時代の蝶採集ブームに乗っていたら、自分で見つけ出していたかもしれない。けれども彼は蝶には無関心で、そのためベイツが代わりに事実を示さなくてはならなかった。ベイツが見つけた西半球の蝶のグループは、ダーウィンの言葉を借りれば、「かりそめのドレス(6)」をまとっていた。ベイツ自身はこれらの種群を「偽造品」と呼んだ。

蝶たちはいわば詐欺師だ。かれらは自分自身の正体を偽る。南米で一一年を過ごす間、ベイツは鱗翅目はもちろん、見たものすべての詳細な記録をつけていた。彼は決まった模様の蝶が多数集まって一緒に飛び回る場面にたびたび出くわした。そしてその際、外見の似た別の種が大集団に紛れ込むことに気づいた。少数派である後者は、奇妙なことに多数派の種ときわめてよく似た配色をもっていた。

多数派の種は不快な味をもつとわかった。この蝶をうっかり口にした捕食者は吐き出すか、時には死に至った。しかしベイツが観察した少数派の種はまったくの無害だった。にもかかわらず、捕食者は少数派の種を、多数派の種と同一とみなし、食べられないものとして回避した。つまり、少数派の種は毒をもつふりをしているのだ。多数派の集団に溶け込むのは、かれらの生存戦略だ[7]。

偶然だろうか？　ベイツはそうは思わなかった。

ベイツはほかの場所でも、食べられる蝶が食べられない別種の蝶に擬態して生きている証拠を見つけた。のちに判明するのだが、一部の蝶は自身の配色を、まわりの他種に合わせてたった数世代で急速に変化させる。マリア・シビラ・メーリアンが二〇〇年前に示したとおり、重要なのは文脈だ。

「わたしは母なる自然が新種をつくりだす実験室を目撃したようだ[8]」と、ベイツは記した。

ダーウィンは歓喜しつつ、これに同意した。ウォラストンに論争を挑まれていた彼にとって、この事実はじつに魅力的だった。彼はベイツに論文執筆を促した。のちに論文が「アマゾン盆地の昆虫相に関する報告[9]」という味気ないタイトルで発表されると、ダーウィンは自身の理論を支持する重要証拠が読者に見落とされるのではないかと危惧した。

地味なタイトルを引き立てようと、彼は一肌脱いで論文にコメントを添え、同業者たちを驚かせた。彼がそこまですることはめったになかった。よほどこの論文が「学術論文の絶え間ない洪水のなかで見落とされる[10]」のを心配したのだろう。

ダーウィンが味方につき、ベイツの論文が無視されるおそれはなくなった。ダーウィンはコメントで、研究をこう要約した。「ここで議論される主題は、ある種の蝶が、別のグループに属するほかの蝶を模倣した、非常によく似た姿をもつ現象だ」。蝶がおこなう偽装は、論文に掲載された「美しい図」から一目瞭然だった。「一〇〇マイル（約一六〇キロメートル）移動すると」、また別の「擬態種とモデル種」の組み合わせの例が見つかる。擬態種とは、本当に毒をもつ蝶の真似をする詐欺師のことだ。

「擬態種とモデル種は常に同じ地域に分布する。偽物が偽装の対象と離れたところで見つかる例は確認されていない[11]」

ダーウィンはさらに続けた。「それならば、こう問いたくなるもの当然だろう。蝶や蛾がまったく別の種のドレスをまとう例は、なぜこれほどたくさんあるのだろう？　自然はなぜ手品師のトリックに訴えるのかと、博物学者たちは困惑する」

もちろん、ダーウィンは答えを知っていた。「変異の法則によるものだ！」すなわち、進化である。鱗粉の色を変化させることで、少数派の蝶は生存の見込みを高めるのだ。ダーウィンの勝ち誇った顔が目に浮かぶ。これでも食らえ、ウォラストン！

記録に残されているかぎり、チャールズ・ダーウィンは根に持つタイプの人物ではなかったが、この時ばかりは勝利の喜びを隠しきれなかった。それまでに受けてきた苛烈な攻撃を考えれば、こんな小さな汚点は許されるだろう。

ダーウィンはまた、進化を現在進行形で観察できると知って喜んだ。彼にとってこれは予想外だった。彼はかつて『種の起源』で、「長い年代が経過するまで、ゆっくりと進むその変化にわれわれが気づくことはない」と述べた。彼は進化が「常に」きわめてゆっくりと作用すると考えていた。だが、ベイツやウォレスなど多くの人々の知見に耳を傾けた彼は、「常に」を「概して」に訂正した。

彼はこう訂正できることを喜んだのではないかと、わたしは思う。

在野研究者たちが注目しはじめると、この種の擬態の事例が次々に発見された。ベイツ擬態、すなわち無害な種が危険な種の配色をまとう現象は、自然界では日常茶飯事だとわかった。「蝶はもっともエレガントで実用的な進化の証拠となった[12]」と、ダーウィンの伝記の著者ジャネット・ブラウンは書いている。

三人目の流浪の博物学者、ドイツのヨハン・フリードリッヒ（フリッツ）・ミュラー[13]は、南米の森林でもうひとつの驚くべき擬態の形態を発見した。ミュラーは、二種の有毒の蝶が、時とともに相互に鱗粉の色や配置を変化させ、よりおたがいに似た姿になることを示した。言うなれば両者は妥協したのだ。かれらは数の力を利用して、一種の相互防衛同盟を築いた。捕食者が片方の有毒の蝶の味を学習すると、外見の似たもう片方の種も捕食の犠牲になりにくくなることを、ミュラーは実証した。

ダーウィンはこれにも喜んだ。彼はドイツ語で書かれたミュラーの本を、まずは自身のために翻訳させ、のちにはより広く読まれるよう、英訳版の刊行資金を援助した。「昆虫界における身を守るための詐欺(14)」の発見は、ヴィクトリア時代の社会に興奮をもたらした。「動物の世界では、偽造がおおいに幅を利かせている」と、彼は述べた。

今やわたしたちは、鱗粉や被毛や髪の色は、単純な遺伝法則の産物であると知っている。ひとつの遺伝子のスイッチが入る、あるいは切れるといった変化は、時には温度によって起こる。周囲に溶け込むことが重要である時もあれば、目立って集団と差をつけたい時もある。

だが思い出してほしい。ダーウィンの時代には誰ひとり、「遺伝子」についても、時にシンプルな生物学的変化のプロセスについても、何ひとつ知らなかった。進化が急速な変化をもたらしうる実例のなかから、わたしのお気に入りである鳥類の例をひとつ紹介しよう。チャールズ・R・ブラウンとメアリー・ボンバーガー・ブラウン(15)は、ネブラスカ州南西部で三〇年にわたり、走行中の車に接触して死んだサンショクツバメの計測データを収集した。この期間中に個体数は減少したが、それだけではなかった。生き残った鳥たちにはある変化が起こった。翼が数ミリメートル短くなり、このわずかな変化によって、接近する車からよりすばやく逃げられるようになっていたのだ。

現代における鱗翅目の小進化のもっとも有名な例は、英国のオオシモフリエダシャクの翅の色の変化だ。[16] 一八〇〇年代初頭、産業革命前のマンチェスター周辺に生息していたこの蛾は、明るい地色に暗色の斑点が入る翅をもっていた。英名の **pepperd moth**（胡椒柄の蛾）はここからきている。この配色は、蛾が明るい色の地衣類に覆われた樹皮にとまっているかぎり、すぐれたカモフラージュ効果を発揮した。ところが工業化が進み、石炭の燃焼によってこの地域で大気汚染が進むと、明るい色の蛾は姿を消し、代わってほぼ全身真っ黒な個体が幅を利かせるようになった。表面がすすで汚れた樹木が増え、それが黒い個体に有利にはたらいたのだ。のちに大気汚染防止法が成立すると、汚染は緩和し、再び明るい色の個体が多数派になった。

ほんの数年前、遺伝学者たちはこの急速な変化が、ひとつの遺伝子に起こった特定のひとつの変異によるものだったと突き止めた。ダーウィンをはじめ多くの科学者たちが、途方もなく複雑でほとんど奇跡に近いとすら考えていた、蝶の翅の色の変化は、じつはきわめてシンプルなものだったのだ。

それどころか、翅の色に変化は織り込み済みなのかもしれない。イェール大学の研究チームは最近、地味な色をしたジャノメチョウの一種 *Bicyclus anynana* の交配実験をおこなった。わずかながら青や紫に見える部分をもつ個体を選んでかけ合わせつづけたところ、かれらは六世代で、茶色の地に紫色の縞が入る翅をもつ蝶を作出することに成功した。「新しい色の蝶を進化させるのはとても簡単なようです」[17]と、チームのひとりであるアントニア・モンテイロは米公共ラジオ局（NPR）に語った。

イモムシもまたカモフラージュと模倣の天才だ。多くのイモムシは食草の枯葉に似た姿をしている。鳥の糞、枝、岩、樹皮を真似るものもいて、例をあげればきりがない。

イェール大学のイモムシの専門家ラリー・ゴールは以前、食草に何匹もイモムシがとまっている写真を見せてくれた。彼はわたしに、『ウォーリーをさがせ！』のように見つけるよう促したが、わたしは一匹も発見できなかった。

対して、まったく別の戦略をとるイモムシもいる。蝶と同じように、目眩しで驚かせるのだ。

ある時、わたしの八歳の孫娘がその実例をうちの庭で見つけてくれた。八月なかば、今や庭全体を占めているバタフライ・ガーデンをうろうろしていた彼女は、明るい緑色の大きなイモムシを見つけた。黄色いヘビの眼の模様をもつそれは、クスノキカラスアゲハ *Papilio troilus* の終齢幼虫だった。簡単に見つかるくらい大きくなった幼虫は、ぎょろりとしたヘビの眼を模倣した姿で、たいていの捕食者を怯ませる。わたしも目玉を見て、思わず手を引っ込めた。

けれども、エレナには効かなかった。彼女はヘビが大好きなのだ。

陰鬱なリバプールから大西洋を渡ったベイツとウォレスは、南米の強烈な陽射しのもとに降りたった瞬間、自分たちがまったく別の世界に来たのだと理解した。ベイツは南米でたびたび極貧に陥り、何度も重病にかかって、おおいに苦労したが、それでもこの土地にすっかり魅了された。寒さが恋しいとは思わなかった。大陸に到着した当初から、彼は無限に湧いてくるような蝶の観察に無上の喜びを覚えた。英国にいる種は数えるほどだが、ここ南米では、一日歩き回るだけで数百種が見つかることもあった。

彼の情熱と自制心には驚かされる。ヒトの脳はふつう、暑いところでは動作が鈍くなり、気楽にのんびりくつろいでしまう。少なくともわたしはそうだ。けれどもベイツは休みなく何週間も、何カ月も研究に勤しみ、それを一一年も続けた。この間、時折同じヨーロッパ出身者が同行することもあったが、彼はほとんどの時間を自分ひとりで、あるいは友人となった多くの先住民たちと過ごした。

英国に戻るまでに、彼は一万五〇〇〇種以上の動物標本を採集し、うち八〇〇〇種はそれまで知られていない新種だった。多くは自身が帰途に着くずっと以前に本国に送られた。ある蝶は彼にちなんで*Callithea batesii*と命名された。彼はマリア・シビラ・メーリアンがかかったのと同じ罠にはまり、しばしば採集のために危険を冒した。「わたしは毎日さまざまな生物を、なかでも華麗な蝶を標本箱いっぱいに採集しています」[18]と、彼は弟への手紙に書いている。「新しい種が絶えず見つかります。灼熱の太陽の下、疲労は著しいですが、驚くほど楽しく過ごしています」

メーリアンと同じように、彼も重篤な病にかかり、危うく死にかけた。

そして彼女と同じく、彼もブルーモルフォの美しさに陶酔した。「熱帯の朝の凪いだ空気の中、この壮麗な蝶が二頭、三頭と連れ立って、はるかな高みを舞っている光景はすばらしいものだ。かれらの羽ばたきには長い休止があり、わたしが見るかぎり、一度も打ち下ろさないまま非常に長い距離を滑空する」と、彼は回顧録に記している。

第2部　現在

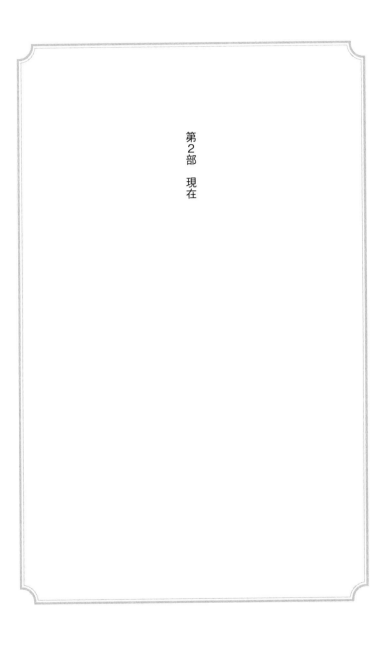

第6章　アメリアの蝶

……かれらは歌うように舞う花だ……

――ロバート・フロスト[1]

時は二〇一六年の秋。五歳のアメリア・ジェブセックは、眼にかかる長い髪を払った。もう何度そうしたかわからない。期待に胸を高鳴らせた彼女はじっとしていられなかった。とうとう予定の時間になった。彼女は手を高くあげ、宝物を解き放った。

オレゴンの肥沃なウィラメットバレーにかかるセルリアンブルーの空を前に、蝶は最初ためらいつつも、やがて翅を広げた。近くの枝に舞い上がり、方位を把握した。短い生涯で初めて、蝶は自分が飛び回る運命である世界を見渡した。彼女はやがて、科学とヒトの良心の極致を象徴する存在となる。

「地球の支配者たる小さきものたちに目を向けよう[2]」と、偉大な生物学者E・O・ウィルソンは著書『ハーフ・アース（Half Earth）』で呼びかけた。このエレガントな言い回しを読んだとき、わたしは単なる彼の詩的表現にすぎないと思った。地球を支配しているのは、わたしたち哺乳類に決まってるじゃないか。そんなことは誰でも知っている。

けれども、蝶を追いかけて二年になる今、これを書いているわたしは彼の真意を理解した。アメリアのオオカバマダラは天賦の才に恵まれ、柔軟な行動を示し、知性を備える。特別な研究プログラムの対象になる資質が十二分にあるのだ。オレンジと黒の体はわずか〇・五グラムほどしかなく、ペーパークリップよりも軽い。にもかかわらず、彼女を含む翅をもつものたちは、数千年にわたり、その美しさでヒトを魅了しつづけてきた。

渡りに欠かせない触角は、ヒトの髪の毛数本分の太さしかない。鱗粉は鳥の羽毛と機能的に等価だが、あまりに微小なため、翅から外れてしまえば塵のひと粒にしか見えない。だが鱗粉には、電子顕微鏡でしか見えない、驚くほど緻密な構造が隠れている。

アメリアの蝶は儚く弱々しく見えたが、実際は違った。この蝶はのちに偉業をなしとげる。彼女の期待以上の働きにより、オオカバマダラの行動についてのわたしたちの理解が刷新されただけでなく、昆虫界全体への見方も変わった。彼女から学んだ事実は、人類の叡智の増進につながった。

だが、この時はまだ誰にも知る由はなかった。今の彼女は、蛹の外の生活に順応するのに精一杯だ。近くに休息場所を見つけると、彼女は翅を広げて天然のソーラーパネルとして使い、体を温めた。

そして高く飛んだ。上昇気流に乗り、完全に風をものにした。翅を羽ばたかせながらも、彼女の精巧な脳は、そしてその中の複雑なナビゲーションコンパスは、不思議なことにイモムシだった頃の経験を記憶にとどめている。そのため、彼女は外見も行動も、生物学的な両親であり、花から花へとあてもなくさまよって時を過ごした、夏型のオオカバマダラとは異なる。

アメリアの蝶はより深い色合いで、体が大きく、長距離飛行に適している。直接の両親とは異なり、彼女の体は遠くカリフォルニア沿岸まで渡るための準備が整っている。彼女はすぐさまミッションに取り掛かった。

目的地に到着すると、渡りをなしとげたオオカバマダラがみなそうするように、彼女は「越冬」と呼ばれるプロセスに入る。数千頭のほかのオオカバマダラとともに木の枝に密集して、寒い間じゅう体を温かく保とうとするのだ。

冬から二月下旬まで続くこの期間中、彼女はほとんど食料を口にせず、体に蓄積した脂肪に頼って生き延びる。春が来るとねぐらを離れ、花蜜とトウワタを求めて旅立ち、見つけた場所で産卵する。この卵から生まれた蝶は北へ短い距離を渡り、そこで産卵する。これを三〜五世代にわたって繰り返し、再び秋が来ると、子孫たちは彼女と同じように、南への長旅を敢行する。

これが南西に飛び立った彼女の無意識の目標だった。わたしたちには見えないわずかな光と色の変化を敏感に感じ取り、彼女の複眼は真下に広がる肥沃な谷をとらえた。彼女は湿地草原を最大限に利用できるよう、驚異的な進化をとげてきた。両親はそんな草原で暖かく穏やかな夏を過ごし、保護下におかれた豊かな野花とトウワタの茂みの間を飛び回った。かれらは交尾し、産卵し、息絶えた。蝶になったあとのかれらは、長くても一カ月の命だった。

彼女の生涯はそれとは違うものになる。太陽の角度、短くなる日長、それに自身の生物学的特性の相互作用により、彼女は両親より長生きする。それも何カ月もだ。「メトセラ［訳注：旧約聖書に登場するもっとも長寿だった人物］世代」の彼女には、種の存続という、重大な使命が課せられている。

オオカバマダラが数千年にわたって通過しつづけてきたであろう道をたどって、彼女は天高く舞い上がり、南向きの風に乗った。だが、彼女の旅は遠い祖先たちがなしとげたものと同じではない。彼女が生まれ落ちたこの世界は、とてつもない変化を経験してきた。かつてウィラメットバレーには北米最初の人々が居住した。狩猟採集民が最初に現れたのは、少なくとも一万五〇〇〇年前だ。あらゆるヒトの例に漏れず、かれらも土地を改変したが、その影響力は限られていた。

いまや大規模な幹線道路が谷を突っ切り、かつて豊かな花蜜が得られた広大な花畑と湿地だった場所は、単一栽培の農地、ブドウ畑、クリスマスツリーの植林地、延々とヘーゼルナッツだけが植えられた果樹園に姿を変えた。祖先たちが利用した環境はもはや存在しない。

幸い、アメリアの蝶には、柔軟な行動を可能にする遺伝的基盤がある。前世紀に起きたバレーの変化は劇的だったが、それでも彼女は、脳に刻まれた太古の手がかりを利用し、目的地にたどり着くことができる。まさに進化が生んだ驚異であり、ダーウィンの言葉を借りれば「偉業」だ。アメリアの蝶は究極のサバイバルスキルを備えている。

けれども、この蝶はもうひとつの勝利の象徴でもあり、それが取るに足らない小さな生き物に現代的な役割を与えた。アメリアは、ほとんど重みを感じないポリプロピレン製のタグを蝶の翅に取り付けた。親指の爪よりも小さなそのタグには、この蝶を見た人へのメッセージが込められている。ご覧になった方へ。どうかあなたの観察記録を、オオカバマダラモニタリングプロジェクト責任者の生物学者にお送りください。Eメールアドレスは以下の通りです。

タグは役目を果たした。その後の数カ月で、何人もの人がアメリアの蝶のデジタル写真を撮影し、研究責任者のデヴィッド・ジェームズにEメールで送った。昆虫学者の彼は、この蝶の物語の語り手となった。

単純化してしまえば、オオカバマダラの生活環はすべての蝶と蛾に共通だ。マリア・シビラ・メーリアンが数百年前に実証した通り、メスは卵を産み、卵からやがて幼虫が孵る。孵化した幼虫はすぐに餌を食べはじめ、時とともに大きく成長して、その過程で何度も脱皮する。脱皮の間のそれぞれの段階は「齢期」と呼ばれる。そのあとイモムシは蛹（pupa）になる。何もまとわない蝶の蛹はchrysalisとも呼ばれ、繭（cocoon）に包まれた蛾の蛹と区別される。しかるべき時が来ると、蛹という隠れ家から、完全な飛翔能力を備えた成虫が抜け出す。

だが、これは一般則にすぎない。この分類群を構成する約二万種の昆虫は、それぞれがすみかとする生態系に精緻に適応していて、どの種も独自の生活環をもつ。それどころか、同じ種のなかでも、個々の蝶の生きざまは異なる。

オオカバマダラはその最たる例だ。北米にはオオカバマダラの主要な個体群が二つあり、ロッキー山脈の東側と西側に分けられる。一般に、西の個体群は冬になるとカリフォルニア南部沿岸に渡る。一方、東の個体群は真南に渡り、時にははるかメキシコにまで到達する。さらに同じ個体群内にも、渡りをする個体としない個体が存在する。渡りをするメスの大部分は繁殖せず、かつては「けっして」繁殖しないと考えられていたが、ここ数年で神話は覆された。好ましい環境条件が整えば、渡りメスも産卵できるとわかったのだ。

オオカバマダラは「雑草」のような種だ。貶しているのではなく、褒めている。この言葉が意味するのは頑健さだ。蝶のなかには、例えばのちほど取り上げるスモールブルーことヒメシジミ類のように、局所環境に高度に適応していて、生態系がわずかでも撹乱を受けると種の将来が危うくなる種もいる。

オオカバマダラは違う。かれらはサバイバーだ。米国南部のフロリダ州などには、渡りをせず年中同じ場所に棲むオオカバマダラの集団がいる。キューバ、メキシコ、スペイン、グアム、さらにはオーストラリアにまで個体群が存在する。オーストラリアの一部の個体群は季節変化に合わせて渡るが、別の個体群、あるいは同じ個体群のなかでも一部の個体は渡りをしない。理由は研究者にもはっきりわからないが、これから見ていくように、かれらは年々答えに迫りつつある。

けれども、オオカバマダラが生きていくために、絶対に欠かせない必須要素がひとつある。トウワタだ。トウワタがなければ、オオカバマダラは存在しえない。幸い、世界にはおよそ二〇〇種のトウワタが自生している。強健な植物で、かつては根絶すべき雑草とされていたが、驚くほど美しい花を咲かせる。その色はシンプルな白からまばゆいオレンジ、赤、黄色、ピンクまで多種多様だ。けれども、オオカバマダラに必要なのはトウワタの花ではない。

必要なのは、葉に含まれる毒だ。

オオカバマダラが『ナショナルジオグラフィック』一九七六年八月号の表紙を飾って以来、わたしは有名なこの物語をずっと知っていた。[3]毎年秋、数千万頭のオレンジ色の蝶たちが、北米大陸北部から飛び立つ。南のメキシコへと渡り、そこで急に西に方向転換して、標高三六〇〇メートルの高山に登って冬を越す。あまりの密集ぶりに、時には重みで木の枝が折れるほどだ。

かれらはそこですし詰めになって暖をとりつつ冬を乗り切り、二月下旬になるとメキシコの平地に降りてくる。花蜜を食べ、トウワタに卵を産んで、再び北へと進む。しばらくの間、『ナショナルジオグラフィック』の記事は世界中で話題をさらった。ありえない話に思えた。こんなに小さな昆虫が、時に数千キロメートルにおよぶ渡りをするなんて、いったいどうやって？

このあとわたしは、美しい蝶の驚異の飛翔行動の物語には、まだまだたくさんの秘密があると知ることになる。新たな発見に期待しつつ、わたしはアメリアと研究チームに会うため、西海岸をめざした。

カリフォルニアは時に、人間の精神力を試すためにつくられた土地のように思える。洪水、火災、地滑り、地震、干ばつ、雪崩。数千エーカーにも広がり猛威を振るう巨大な山火事。山の斜面の突然の崩落。

カリフォルニアを訪れたことがなく、自然災害についてニュースで聞いているだけだと、どうしてわざわざそんな場所に住むのかと思うかもしれない。少なくともわたしは、二〇一七年二月のある日、どんよりした気持ちでそう思っていた。アメリアの蝶が旅立ってから数カ月後のことだ。

例年なら「パイナップル・エクスプレス」と呼ばれる、ハワイを出発し大気中を川のように流れる水分が東に進み、カリフォルニアに冬の雨をもたらす。だが、雨を降らせるはずのこの気象現象は、ここ数年まるであてにならない。その結果、二〇一六年にはカリフォルニアの深刻な干ばつが緊急事態へと発展した。すべての生命が苦しんだ。植物は枯れ、動物はストレスを抱えた。人々は節水生活を強いられ、洗車できないどころか、衛生上の問題がないかぎり、トイレの水を流すことさえ控えるよう勧告された。

翌年、雨の神はこれまでの吝嗇ぶりの埋め合わせを試みた。州は危険なレベルの長雨に溺れた。蝶はどうなってしまうのだろう、とわたしは思った。カリフォルニア水資源局によれば、この年はカリフォルニア北部で史上もっとも降水量の多い年となり、州全体でも過去二番目を記録した。わたしの滞在中、サンフランシスコから約二四〇キロメートル北にある、オーロビルダムの下流に住む約二〇万人の住民たちが、夜中に避難を強いられた。高さ二三〇メートルと国内でもっとも高い土でできたこのダムで、擁壁の一部が押し流されたためだ。

こんな天気のなか、アメリアの蝶はどうしているだろう?

出発からわずか一九日後[4]、タグに個体番号A4853と書かれたその蝶は、サンフランシスコのノースビーチに現れ、四階のルーフデッキの庭に咲くバーベナとランタナのごちそうにありついた。アパートメントの住人リサ・デアンジェリスが撮影した彼女の姿に、ほとんど衰えは見られなかった。デアンジェリスは蝶の翅についた小さなタグに気づいて写真を拡大し、そこに書かれたEメールアドレスと、プロジェクトの研究責任者に観察記録を送ってほしいというメッセージに気づいた。食事をする蝶の動画はすぐにデヴィッド・ジェームズのメールボックスに届いた[5]。

この時点でこの個体は八七〇キロメートルを飛んでいた。一日あたり約四六キロメートルだ。蝶がこれほどしっかりした方向感覚をもっているなんて、わたしには想像もできなかった。オオカバマダラは本当に目的に特化しているのだ。長距離飛行のあとにもかかわらず、A4853の健康状態はとてもよさそうだった。これほどの長旅を経験した蝶は、翅がぼろぼろに傷んで見る影もなく、三角形の鳥のくちばしの跡がいくつも残されていることも珍しくない。だが、アメリアの蝶は変わらず元気いっぱいだった。

タグ付けされた蝶が見つかるのは、めったにない幸運な偶然だ。アメリアと母親は、じつは二二頭のオオカバマダラを同時に放したのだが、再びヒトの目に留まったのはこの個体だけだった。ボランティアだけで構成されたジェームズの標識プログラムは二〇一二年に始まり、二〇一六年までに一万四〇〇〇頭をリリースしてきたが、再確認されたのはたった六〇頭でしかない。

ノースビーチでの目撃情報はじつに有用だった。タグ付けされた蝶が見つかるのは、たいてい地面に落ちて死んだ状態だ。標識されたオオカバマダラが生きて発見されたのは嬉しい知らせだったと、ジェームズは言う。そして同時に、こんなことは最初で最後だろうとも思った。

彼は間違っていた。二三日後、ボランティア観察者のジョン・デイトンが、サンフランシスコの南、サンタクルーズのライトハウス・フィールドのイトスギの樹で、約一万頭の仲間とともに休んでいる彼女を見つけた。興味深い事実だったが、まだ続きがあった。一一月二五日、オレゴン州在住のアリース・タウンゼントが、ライトハウス・フィールドから数キロ離れたナチュラル・ブリッジズ州立公園でアメリアの蝶を発見した。

意外な選択だった。ナチュラル・ブリッジズはかつて越冬地としてオオカバマダラに大人気だったが、近年ここで冬を越す個体は毎年数千頭にまで減っていた。種の個体数そのものが減ったのだろうか？　それとも、何らかの理由で居心地のいい場所ではなくなったのか？

オレゴン州南西部のローグバレーで熱心にオオカバマダラの観察をおこなうグループの一員であるタウンゼントは、何年も前にジェームズに出会って情熱に感化されて以来、車で六時間半かけてサンタクルーズに通うようになった。個体数の減少について、彼女はすでに肌で感じていた。「以前はローグバレーにも何千頭もいました」と、彼女は言う。「いまではたまにしか見かけません」。彼女はジェームズに嬉しい目撃情報を提供した。

けれども、アメリアのオオカバマダラは寄り集まって越冬態勢に入ったわけではなかった。一二月三〇日、ジョン・デイトンはナチュラル・ブリッジズから数キロメートル離れたモラン湖を訪れた。そこで彼は再びA4853の蝶を見つけた。樹上のねぐらにいた彼女に、消耗した様子はなかった。こんなことは前代未聞だった。同一個体の昆虫が、四地点で別々に観察されたのだ。落ち着きのないアメリアの蝶は、オオカバマダラに関する通説を覆した。

第7章　オオカバマダラのパラソル

……目の前に黄金のスパンコールの雨が降る。
――ロバート・マイケル・パイル(1)

蝶の暮らしには秘密がある。厳重にしまいこまれたその謎を、かれらは簡単には明かさない。数十年前、ロッキー山脈の東側と西側に生息する、北米のオオカバマダラの二つの個体群の越冬地はどちらも知られていなかった。研究者たちは、山脈の西側の個体群はカリフォルニア沿岸へ南下すると考えていたものの、仮説を裏付ける確実なデータはほとんどなかった。今ではジェームズのような研究者たちのおかげで、最終目的地がどこなのかだけでなく、そこに到達するまでに蝶が取るルートも判明した。

さらにジェームズの研究により、オオカバマダラは樹に止まったまま一種の半休眠状態で冬を越すという通説の誤りも明らかになった。一部の個体はかなり長生きし、必ずしも寒い時期が終わると同時にねぐらを離れるとは限らないこともわかった。二〇一九年の夏、ジェームズの研究に参加したシチズン・サイエンティストが、その一〇カ月前にオレゴン州アッシュランドで放たれた一頭のオスのオオカバマダラを発見したのだ。

休息を終えたあと、この蝶は「まともなオオカバマダラがみなそうすると考えられていた、越冬地を離れて内陸に向かう選択をしなかった。彼はどうやらビーチにとどまり、海辺で日光浴をして余生を過ごすことにしたようだ」と、ジェームズはフェイスブックに投稿している。

型にはまらない行動こそ、この種の特徴といってもいい。いつもどこかにはぐれ者がいる。個体追跡と遺伝子解析により、山脈の東西の二つの個体群は高い稜線に隔てられているにもかかわらず、じつは遺伝的に同一であることが示された。「わたしたちはロッキー山脈はベルリンの壁のようなものだと思っていました」と、昆虫学者のサリナ・ジェプセンは言う。「でも、そうではなかったのです」。二つの集団が実際にどのように混ざりあい、交配しているかはまだ明らかになっていない。

分類群全体でみると、蝶は花が出現して以来、長きにわたって存続してきた。これは偶然ではない。ほとんどの蝶には花が必要だ。一方、蝶を生み出した分類群である蛾は、大部分の種が花を必要としない。蛾が登場したのは、初めて花が咲くよりもずっと前のことだ。この事実は、蝶と蛾の種数を見れば明らかだ。世界には一六万種の蛾がいる（そして今も絶えず発見が続いている）が、蝶は約二万種でしかない。蛾は蝶よりもずっと長い時間をかけて進化してきたと考えられる。

言い換えれば、花は進化とともに、一部の蛾を従属させて蝶に変え、主《あるじ》のために重要な責務を果たす存在にしてきたのだ。花は意外なほど策略家だ。「花は蝶や蛾を送粉者とみなし、賄賂によって操る」と、蝶を研究する生物学者のダニエル・ジャンゼンとウィニフレッド・ハルヴァックスは、絢爛豪華な著書『一〇〇の蝶と蛾（100 Butterflies and Moths）』で述べた。

花は今なお自然界のドラマで主役級を演じつづけている。花がなければ、蝶はおそらく存在しないだろう。いや、わたしたちヒトさえ存在しないかもしれない。

二月のある日、昆虫学者のキングストン・レオンと一緒の車のなかで、わたしは花という幸運な偶然に思いを馳せていた。わたしたちは数あるオオカバマダラの休息地のなかの、レオンのお気に入りの場所に向かっていた。カリフォルニアにはかつて、オオカバマダラが一〇月から二月にかけて集結する沿岸のポイントが四〇〇以上も存在した。だが近年、かれらは約半数の地点から姿を消した。時とともにそれぞれの土地の環境が変化し、蝶のニーズに合わなくなったのか、あるいは蝶の数自体が減少したのか。もしかしたら、単にオオカバマダラはこれまで考えられていた以上に奔放で、放浪を好むのかもしれない。

いずれにせよ、現在の越冬地はサンフランシスコの少し北からロサンゼルス近郊までの一帯に点在する。生息地の質はさまざまで、蝶の個体数にも大きなばらつきがある。毎年使われる場所もあれば、そうでない場所もある。

自分の眼で確かめようと、わたしは中央カリフォルニア沿岸にやってきた。レオンは調査地点のいくつかをわたしに見せ、オオカバマダラが越冬地に選ぶ場所の多様性を印象づけるつもりだった。

朝わたしたちが合流した時には、まだ雨が軽く降っていた。太平洋は厚い霧に覆われ、果てしない大海原は沿岸から数メートル先までしか見渡せなかった。海沿いのホテルからの眺めは一面真っ白で、わたしはくしゃみが止まらなくなり、その飛沫が霧をいっそう濃くした。

まずはよく知られ、蝶目当ての観光客に人気のピズモビーチの森を訪れた。記録によれば、ここには何十年も前からオオカバマダラが集まっている。ほんの数エーカーしかないこの森は完璧に近い場所なのだと、レオンは教えてくれた。太平洋に近いため気温の安定化という恩恵が得られるが、嵐の際の暴風雨にもまれない程度には離れている。夜間の気温が涼しく過ごしやすい程度には南だが、同時にそこそこ北でもあるので、日中の気温は蝶にとって致死的な暑さにはならない。

ピズモの森は州有地の一角を占め、キャンプや海水浴を楽しむ人々に開放されている。オオカバマダラが使うのはごく一部だ。かれらが滞在する一〇月から二月半ばまでの間、ボランティアが無料のガイドツアーを実施している。ガイドは舗装された短い遊歩道に沿って小さな蝶の森を案内する。観光客たちが樹上に眼を向ければ、休息中の昆虫たちが見える。ガイドは観光客の質問に答えつつ、木の枝から落ちた蝶を人々がうっかり踏んでしまわないよう気を配る。こうしたことはよく起こるのだ。

ここには毎年数千人の人々が蝶を見に訪れる。わたしが訪ねた数日の間も、絶え間ない人波が静かに森を抜け、みな夢中になって首を伸ばしては、はるか頭上の枝にとまる昆虫たちを観察していた。高価な観察用スコープを構えた定年退職者も、車椅子に乗った人も、赤ちゃんを抱えた母親もいた。男性、女性、ドイツ人、米国人、カナダ人、スペイン語を話す家族、スカーフをかぶった女性、傘をさす人々。あらゆる肌の色の人がいた。誰も悪天候を気にしていないようだった。

この森は明らかに一種の聖地、蝶愛好家の巡礼地になっていた。そのため、ピズモビーチはバタフライツーリズムに多くを投資していた。オオカバマダラをあしらった看板が町の中心部に大集合し、まるで本物の蝶が集まる枝のようだ。蝶が目当てなら、ここへ来れば間違いない。地元のパン屋はオオカバマダラの形のクッキーを売っていて、オレンジ色の翅には黒いアイシングで翅脈が描かれている。

レオンは森のそばのカリフォルニア州道一号線の路肩に車を止めた。早朝だったが、道はすでに混んできていた。一八輪の大型トラックの一団が轟音とともに通り過ぎ、続いて小型トラック、オートバイ、セダンが走り抜ける。クラクションが鳴らされ、ブレーキの絶叫が響く。州道の隣には鉄道線路が敷かれ、その隣にはバンガローが狭い敷地に押し込められたように立ち並ぶ。自然の象徴との邂逅の場にはふさわしくないように思えた。蝶は迷惑していないのだろうか？

わたしをここに連れてきたのは、蝶がどういった環境に耐えられるかを感覚的に理解してもらうためだと、レオンは言った。もちろん、こうした場所での蝶の生存率がどの程度なのかはわからない。騒音や汚染がかれらに影響を与えている可能性はあり、実際に研究ではその証拠も得られている。[2] それでも、毎年数を減らしつつ、オオカバマダラはここに飛来しつづけている。いかにも繊細そうなオオカバマダラは、驚くほどヒトの行動と共存できるのだ。

かれらはなぜここに来るのだろう？　レオンらは、カリフォルニアで越冬するオオカバマダラがきわめて特殊な「微気候」を好むと明らかにした。大量の蝶が止まれる枝の多い海沿いの森で、強風を遮るものがあり、さらに午前と午後の決まった時間に陽射しを受けて温まる程度にひらけていなくてはならない。ずいぶん無茶な注文だとわたしは思ったが、レオンはその後、こうした場所はわたしが思う以上にたくさんあると教えてくれた。

ピズモビーチのあと、わたしたちはいくつかほかの狭い土地を訪れた。それぞれ数エーカーしかないポイントが、開発が進んだ一帯に点在していた。それまでオオカバマダラには手付かずの広大な土地が必要だと思っていたが、わたしは間違っていた。

レオンは西海岸の蝶愛好家の間では有名人だ。(3)彼は数十年前、初めて越冬地を訪れたその時に、オオカバマダラに一目惚れした。太陽が姿を現すなか樹を見上げると、蝶たちは翅を広げた。それは大聖堂のステンドグラスを目の当たりにするような、超自然的と言ってもいいほどの体験だった。レオンは自然界のノートルダム大聖堂に迷い込んだ感覚を覚えた。

大学教授を退官したあとも、彼はカリフォルニア沿岸のオオカバマダラの未来を守る活動に心血を注いできた。「かれらの冬のリゾートをつくってるんだ」と言う彼のせりふは、冗談でもなんでもない。地主が自分の土地でオオカバマダラを見つけた時、まっさきに電話する相手がレオンで、そんな電話は日常茶飯事だ。オオカバマダラのいない土地を買った地主が、あとになって樹が成長し、風や温度の条件が変化して、蝶たちが住みつくことがあるのだ。

けれども最近では、逆のケースが主流だ。かつてオオカバマダラのねぐらだった土地が、時とともに放棄されるのだ。原因の一部は全体的な個体数減少にあるようだが、ほかの要因も関係している。そこでレオンの出番だ。もし土地の質が低下しているなら、レオンは原因究明を試み、条件の改善に努める。要するに彼は、どうにかして自然条件下で蝶を囲い込もうとしているのだ。

地主がレオンに連絡すると、彼は現場を訪れ、管理計画を策定する。はるか遠い未来を見据えた計画だ。レオンは地主に樹木についてレクチャーする。ほかの生命体と同じく、樹は静的な存在ではない。年を取り倒れるものもあれば、そうして空いた場所に植えてやるべき若木もある。樹が育つのには時間がかかるので、植林は何年も先の未来を視野に入れて実施しなければならない。適切な植林には長期計画が不可欠だ。

だが、オオカバマダラはいったい何を求めているのだろう？「あと一〇年も生きたら、それで終わりだろうね」と言うレオンは、人生の集大成として、ここ数年まさにこの疑問に取り組んでいる。結果はこの星に残す遺産であり、地球の生態系から提供されたサービスへの対価だと、彼は考えている。

彼が土地を訪れて最初にすることは、風の特徴の記述だ。越冬中の蝶は強風に弱く、簡単に叩き落とされてしまう。そのため卓越風［訳注：ある地域のある一定期間にもっとも頻繁に測定される風向の風］がどこから吹いているかは重要だ。加えて、どれくらい強いか、樹木や地形に遮られているかもポイントだ。数年以内に倒れるおそれのある老木はあるか？　もしあるなら、将来その老木に取って代わるような若木を今のうちに植えておくべきだろうか？　植えるとしたらどこに？

彼は日照にも注目する。夜の冷え込みのあと、蝶の体を温めるのに必要不可欠な要素だ。午前と午後、樹冠のどの切れ目から日光が射し込むか？　午前一〇時と午後二時きっかりの陽射しは、十分に強く、かつ強すぎないだろうか？　蝶たちは上流階級の人々よろしく、日照条件が最適な午前の遅めの時間か午後早くに飛び回る。そのため森を調べる時、レオンはこの時間帯に日照を遮る木々や太い枝が周辺にないことを確かめる。

以前あるハイエンドデベロッパーが、広大な高級住宅地のど真ん中にオオカバマダラの森をつくってほしいとレオンに依頼した。そこはかつてオオカバマダラが大挙して集まる場所だったが、時とともにほぼ完全に姿を消し、数百頭を残すのみだった。レオンは土地を調査し、オオカバマダラが気に入るかもしれない二つめのポイントを特定した。彼の関心は、蝶をこの新たな木立に誘い込めるかどうかにあった。この場所がかつて活発に利用されていた証拠はなかったが、それでも目論見はうまくいった。数年のうちに、蝶たちが姿を見せはじめた。開発業者は今では蝶をマーケティングのマスコットとして利用している。美しく翅を広げたオオカバマダラの絵柄はいたるところに飾られ、バスルームの壁紙にもなっている。

こうしてわかった。木を植えれば、蝶はやってくる。

最後にわたしたちは、もっとも予想外で、わたしのいちばんのお気に入りになる越冬地にやってきた。サンルイス・オビスポ郡公園緑地課が所有する、モロ・ベイ・ゴルフコースだ。クラブハウスの駐車場は早朝にもかかわらずいっぱいだったので、わたしたちは少し離れたところの路肩に車を止めた。そしてゴルファーたちを横目にコースをずんずん進んでいった。肌寒い霧雨の日だったが、コースは活況を呈していた。

にぎわっているゴルフコースを通り抜けるのはふつう、聖地に土足で踏み込むも同然で、それだけで利用者を激怒させかねない。スタッフがすぐに現れ、コース外へと誘導されるのは確実だ。けれどもゴルファーたちは、一瞬わたしたちに訝しげな視線を送ったあと、高い木立をちらりと眺めてうなづいた。海を一望する絶景の丘の頂上付近だ。

「蝶かい?」と、かれらは尋ねた。

「蝶です」と、わたしたちは答えた。

それだけで、あとは何事もなかった。

これほど美しい立地のゴルフコースは見たことがなかった。ゴルファーたちはグリーンから、イトスギが立ち並ぶ小高い丘とその先の海を見渡せた。小さいが活気のあるコースの只中に、たくさんのイトスギの木立を保全した一角があり、わたしたちが到着した時、そこには数千頭のオオカバマダラが集まっていた。かれらは翅を畳んでいたので、樹の枝が枯葉に覆われているように見えた。かつてここには一〇万頭もの蝶が訪れたという。だが昨年は二万四〇〇〇頭、今年はたった一万七〇〇〇頭だ。

減少には多くの理由があるが、このコースに特有のものとして、オオカバマダラを海風から守っていた木々の多くが、近年の暴風雨で失われたことがあげられる。以前のように雨風をしのげなくなってしまったのだ。レオンは風の調査をおこない、新たに植林する場所の候補をいくつか選定した。一方で蝶に必要な陽射しを遮っていそうな木は何本か伐採した。さらに時とともに好適な越冬地になる見込みのある別のポイントを指摘した。

ゴルフコースのど真ん中で、彼は蝶を囲い込んだ。またしてもわたしは、蝶がヒトの奇妙な行動(今度は要するに、硬くて小さくて丸くて白い物体を叩いてまわる遊び)と共存できる事実に驚いた。いくら何でももう少し牧歌的な場所を好むのではないかと思っていたが、このコースはすでに一〇〇年近く営業している。蝶たちは飛んでくるゴルフボールとの共存の道を見つけたようだ。

ところで、ゴルフ場の方はなぜ蝶を受け入れるのだろう? わたしはコースの管理責任者のジョシュ・ヘプティグと長く話した。彼は環境スチュワードシップ賞を手土産に、ゴルフ場管理の全国会議から戻ったばかりだった。

彼の話は、それまでわたしが出会ったどのゴルフ場管理者ともまったく違っていた。ヘプティグの独自の視点は、ずっと前の大学時代の経験に基づいているという。当時彼が出席していたゴルフ場管理の講義は、キャンパスの近くに新たにオープンするゴルフ場を題材にしていた。開発に反対する人々は、「バーディーより鳥《バード》を」と書かれたプラカードを掲げた。反対派の代表者も講師として招き、かれらの懸念について全体で議論した。この体験が彼にとっての啓示だった。

彼はバーディーも鳥も選ぶことにした。両方のために、あるいは蝶のためにも、管理をおこなえばいい。モロ・ベイで彼は、レオンのアドバイスに従い、三歳から七歳までの子どもたちを招いて八〇本のイトスギを植えた。さらにゴルフ場の五〇周年記念として、五〇本を追加で植林した。

誰もが植林を快く思ったわけではない。ゴルファーから不満が出たと思うかもしれないが、かれらの反対はあったとしてもごく控えめだった。実際にコースに立ってみれば、どんな変化が起こるかは一目瞭然だからだ。いちばん取り乱したのは地元の不動産所有者たちで、かれらは木々が植えられることでオーシャンビューが遮られるのを嫌がった。一方、子どもたちは大喜びで、街中でヘプティグに会うたびに「木にお水をあげに行っていい?」と彼に尋ねた。結局、全員を同時に満足させるのは不可能なのだ。

蝶が滞在する一一月から二月までの間、ヘプティグは率先して観光客をグリーンに招き、オオカバマダラの木立を見せた。彼は蝶の価値を説くだけでなく、ますます過密になっていく世界で将来ゴルフコースが果たすべき役割についての持論も展開した。

「ゴルフコースへようこそ!」。ツアーの最初に彼は言う。「ところで、ゴルフコースで蝶を見るなんて、今まで考えたことはありましたか?」

彼は自身の活動を、六〇〇年続くゴルフの聖地と名高い、スコットランドのセント・アンドリューズに重ね合わせる。セント・アンドリューズではコースで観察された鳥類の記録を残しており、また蝶を含めた送粉者を集めるため、野草の生育区画を設けている。そこでは園芸家に忌み嫌われるアザミの仲間でさえ、蝶や鳥にとって重要だとして受け入れている。

ヘプティグが管理する別のゴルフ場は、野生生物の生息地保全の成功例として表彰された。そこでは猛禽類のための止まり木を設置した結果、ゴルフ場の大敵であるモグラなどの駆除剤の使用量を削減できた。ゴルフ場に生息する野生生物を約三〇％増加させたことを、彼は誇りに思っている。「もちろん、動物たちはもともと周辺にいたのでしょう。それが今ではわたしたちのゴルフ場にとどまるようになった、というだけです」

「必要なのは持続可能なビジネスモデルです」と、彼は説明を続ける。彼の言う「持続可能」には、多様な活動のためにコースを開放することも含まれる。モロ・ベイは時にランニング大会などの地域活動にも利用されている。ヘプティグが管理するデイリー・クリーク・ゴルフコースでは、ゴルファーたちは生まれたばかりの子羊たちの合間を縫ってコースを歩き、特製の止まり木を用意されたタカが目を光らせるなかでプレーする。このゴルフ場は廃棄物ゼロ方針を採っている。クラブハウスの廃棄食料から刈り取った草まで、すべての有機廃棄物はコンポストで処理され、肥料に姿を変えてグリーンの健康を維持する。

そんなわけで、モロ・ベイの越冬地を使う蝶の数が減りつつある現状を知ったヘプティグが、どうにかしたいと思ったのは自然な流れだった。この越冬地は地元ではすでによく知られていて、蝶観察ツアーはいつも人気だ。現在、ヘプティグは蝶目当ての来場者が脳天にボールの直撃を食らわないように、クラブハウスから蝶の森までの屋根付き歩道を設計している。

レオンとわたしは長期的目標について話しながら、肌寒いモロ・ベイのコースに立って上を見上げた。翅を畳み、枝にぶらさがるオオカバマダラは、まだ落ちていないくすんだ枯葉のようだ。かれらは休憩中、天敵に「何もないよ、そのまま通り過ぎて」と伝えるカモフラージュを進化させてきた。

わたしは少し拍子抜けした。これだけのために、わたしはわざわざケープコッドから数千キロも「渡って」きたのだろうか？　そんなせりふは口には出さなかったが。

わたしたちはしばらく静かに立っていた。ランチにしませんか、とわたしは言った。二時頃のことだ。どんよりした空の下、わたしは震えながら、チャウダーのことを考えていた。

その時、示し合わせたかのように雲が切れ、光線が差し込んだ。青空と太陽。つかの間の陽だまり。

そして枯葉の大群が飛び立った。青空と白い綿雲の背景が、オレンジと黒のきらめく翅で満たされていく。絶壁の下には太平洋が輝いている。

わたしたちを太陽から守ってくれる、オオカバマダラのパラソルが頭上に舞い上がった。ふわふわとあてもなく、ヒトから見れば「歓喜に満ちた」ようすで、蝶たちは日光を全身に浴びた。

第8章　ハネムーン・ホテル

太陽は毎日、創造主の口から現れる。冬の間、その光は蝶に姿を変える。
——メキシコ先住民の言い伝え(1)

蝶たちは優雅な日課を愛している。王族のように、かれらは好きな時間に起きだす。すでに述べたとおり、だいたい午前一〇時頃だ。

かつて「銀行時間」と呼ばれていた時間帯にこだわり続けるのは、わたしには相当な知性の表れに思える。わたしは早起きだが、それくらいの時間になってようやく頭が働きはじめる。だからレオンと会う前日も、わたしはカリフォルニアのピズモビーチにある蝶の越冬地の駐車場で、朝の九時半に不機嫌に立ち尽くしていた。早く着きすぎたし、ちゃんと考えをまとめる時間もとれていなかった。それに天気は、もはや恒例だが、どんよりして湿っぽかった。

オオカバマダラも雨を嫌う。かれらはこんな時、枯葉のポーズで枝に寄り集まったまま過ごす。蝶目当ての観光客には興ざめだ。着いたはいいが見るものがなく、わたしは手持ち無沙汰だったが、幸い、早めに出てきた甲斐はあった。一〇時からトークイベントが始まる予定だったのだ。蝶たちは起きるのを億劫がっていたが、手ぶらで帰らずにすみそうだ。しかも、この本の下調べの途中で出会った熱心なボランティアガイドのひとりが、ピズモビーチの蝶たちの秘密の性生活について教えてくれる約束をしてくれた。

秘密はわたしの大好物だ。わたしは公園のベンチに座って待った。

悪天候にもかかわらず、観客が集まりはじめた。五〇人を超える人々が、暖かい帽子をかぶり、降ったり止んだりの雨を避けるための傘を手に、集団をつくった。オオカバマダラの驚異をもっと知りたいと、誰もが期待に胸をふくらませていた。観客には子どもが多く、ようやくしっかり歩きはじめたくらいの年頃の子も少なくない。この構成が重要であることは、あとになってわかる。ボランティアは引退したての教師のような雰囲気の親しみやすい女性で、このテーマで話すのにかなり慎重な姿勢をとっていた。

まずは基本の説明からだ。オオカバマダラのメスは、針の先ほどの大きさの卵をトウワタに産みつける。選ぶのはほかのどの植物でもなく、トウワタだけだ。葉の裏側に、ふつう葉一枚につき卵一個を産む。トウワタを選ぶ昆虫はオオカバマダラだけではなく、一〇〇種以上の昆虫が利用することから、かつてトウワタは現在よりずっとありふれた植物だったと考えられる。とはいえ、それほど熾烈な競争があるわけではない。オオカバマダラが利用するのと同じ部分をみなが好むわけではないからだ。

天候や気温や季節（これについては後述）によるが、産卵の三〜五日後、極小サイズのイモムシが孵化する。孵ったばかりの幼虫はあまりに小さく、目の前にいても気づかないくらいだ。

イモムシはそれから九〜一六日の間、猛然とトウワタを食べる。最初は卵が産み付けられた葉からだ。幼虫はトウワタを食べなくてはならず、またトウワタ以外は食べられない。思わず同情してしまう。かれらに選択肢はなく、ほかの植物ではだめなのだ。オオカバマダラの幼虫にとって、過酷な生存競争は卵から外に出た瞬間に始まる。

栄養たっぷりの卵の殻を食べたあと、幼虫は飲みに行く。まるで「牛乳を飲むネコのよう[2]」だと、昆虫学者のデイム・ミリアム・ロスチャイルドは書き残している。実際、トウワタの乳液を浴びるように飲んだ幼虫は、時に文字通りその中で溺れ死んでしまう[3]ことが、生態学者のアヌラグ・アグラワルの観察でわかっている。

子どもの頃に自然に触れた経験が多少なりともある人なら、トウワタの乳液の粘性はよくご存知だろう。トウワタの葉を破ると、天然ゴムのような粘液があふれてくると、オオカバマダラの研究者であるリンカーン・ブラウワーが教えてくれた。やがて粘液は乾き、あなたの指をくっつける。子どもたちは面白がり、不思議なねばねば物質で指が強力に接着されたふりをして遊ぶ。だがそのうち、べたべたしてまるで手から取れないことにイライラしはじめ、近くの小川で念入りに洗うはめになる。

大人になったわたしたちは、この物質がラテックスと呼ばれることを知っている。ラテックスは珍しいものではない。すべての植物のおよそ一〇種に一種が、進化の過程でラテックスを獲得した。

ゴムの木のラテックスは自動車のタイヤの材料だ。合成ゴムが開発されて久しいが、いまだに耐久性で天然ゴムには及ばない。こんな物質は地球上にほかにないのだ。

トウワタのラテックスはあらゆる面からみてたちの悪い物質で、高い毒性をもつ。オオカバマダラの研究者として名高いリンカーン・ブラウワーはかつて味見をしたことがある。「倒れるかと思いました。(4) 本当にひどい味で、よだれを垂らして吐きそうになりました」

興味深い、とわたしは思った。なじみのないものを口に入れる習慣はわたしにはない。けれどもフィールド研究者はある種の度胸試しをやりがちで、ビール片手にそんな話を吹聴する傾向にあるようだ。チャールズ・ダーウィンでさえ武勇伝をもっていた。「ある日、樹皮をはがすと、二匹の珍しい甲虫を見つけた。(5) 両手に一匹ずつ持ったところで、もう一匹別の種類の甲虫を発見し、見過ごせなかったわたしは右手に持っていた虫を口に放り込んだ。虫は強烈な刺激性をもつ液体を出し、わたしは舌を火傷した……」

ほとんどの研究者はこうした実験を生き延びる。

おそらく二〇世紀でもっとも有名な蝶の専門家、ウラジーミル・ナボコフは、かつてバーモント州に住んでいた時、オオカバマダラと別種の蝶カバイロイチモンジの類似性を検証しようと、両方を味見した。どちらも同じくらい「ひどく不味かった」という。(6) ナボコフのコメントはかなりの注目を浴びたが、それはおもに、彼が少女に執着する中年男性を描いた衝撃作『ロリータ』の著者として、世界的に有名だったからだ（一九五〇年代当時、こうしたテーマはタブーだった）。

孵化したばかりの幼虫がトウワタを食べなくてはならないのは奇妙な皮肉だ。幼虫の最初の一口は、最後になることも珍しくない。ラテックスは子どもの指をくっつけるように、時に幼虫のあごを開かなくするからだ。こうなるとイモムシは餓死してしまう。アグラワルによれば、幼虫のおよそ六〇%は最初の食事が原因で死に至る。とんでもない死亡率だ。あごがくっつかなかったとしても、脚をとられて動けなくなるという、もっと平凡な理由で死ぬ個体もいる。

時には危険を避けるため、幼虫は葉柄と茎の分岐点に噛み傷をつけ、葉を切り離すこともある。こうすれば、葉から噴き出すラテックスの勢いが抑えられるため、最初の食事の厄介ごとは減り、幼虫は少量ずつ栄養を摂取できる。また、葉の真ん中に円を描くように噛み跡をつけ、その内側を食べ進むことで、ラテックスの流入量を大幅に減らすこともある。とはいえ、たいていは手当たり次第にかじりつき、あとは運を天に任せる。

トウワタの葉を食べ、苦い乳液を飲もうとする幼虫の衝動は、ひどく残酷なものに思える。破滅をもたらす原因を愛するように仕向けられているなんて、まるでギリシャ悲劇だ。死を招く誘惑。しかも非情な現実は、ラテックスの粘性と恐ろしいほどの苦味だけにとどまらない。

ラテックスは毒だ。幼虫はラテックスを摂れば摂るほど成長が鈍化するが、一方で鳥などの捕食者から身を守れる確率は高まる。もちろん、生き延びられればの話だ。摂取せざるを得ない毒のせいで中毒死する個体は多い。なんて倒錯しているのだろう。それでもこの毒は必要不可欠だ。鳥による捕食は、イモムシの個体数を半減させる。

ラテックスの毒性は何世紀も前から人々に知られていた。ローマ人は植物からラテックスを抽出し、敵の暗殺に使った。ジギタリスと同じように、あらゆる動物の心臓と神経系に影響を与えるのだ。

この究極の倒錯を、よく噛みしめてほしい。幼虫がラテックスを飲むのは、まさしくそれが毒であるからこそなのだ。死ぬほどでないかぎり、困難は己を強くする。服毒して死なずにすめば、生涯にわたる過酷な生存競争のなかで、大きなアドバンテージが手に入るのだ。

幼虫は体内の何箇所かに毒を貯めこむ。幼虫を食べようとした捕食者は、有害で不快な物質を口にするはめになる。鳥はこれにひるみ、たいていは吐き出す反応を示す。捕食者はすぐさま学習し、たいていは二度とオオカバマダラを食べようとしない。というより、ダーウィンとベイツが示したとおり、オオカバマダラにそっくりな蝶も狙わなくなる。こうして貯蔵された毒には永続的効果がある。イモムシが蝶に変身したあとも、毒は受け継がれ、捕食者を寄せつけない効果を維持するのだ。

わたしたちのトウワタの毒への耐性は（ブラウワーの反応からわかるように）オオカバマダラよりはるかに低いが、それでもごく微量の摂取なら薬効を得ることができる。「毒と薬はたいてい紙一重だ」と、アグラワルは著書『オオカバマダラとトウワタ（Monarchs and Milkweed）』に書いている。各種の心疾患を抱える患者に処方される薬は、トウワタの毒ときわめて近い関係にあるのだ。いずれがんの薬としても使われる日がくるかもしれない。一方で、大量に摂取すれば心臓発作を起こすおそれがある。

オオカバマダラは生死を分けるこの難局を切り抜けるため、ありとあらゆる戦略を進化させてきた。だが、トウワタの方も目新しく巧妙な手口を編み出し、厄介なオオカバマダラの回避を試みる。例えばトウワタの一部の種は、葉に剛毛を生やして幼虫の採食を難しくした。これに対して、幼虫は生きた芝刈り機となり、毛を噛み切ってから葉を食べはじめる。ほんとうに驚きだ。これほど小さくはかない、複雑な生活環の一段階にすぎない生き物が、どうして困難を乗り越える方法を「知っている」のだろう?

オオカバマダラはトウワタを食べたい。トウワタは食べられたくない。アグラワルたちは、この状況を「軍拡競争」と呼ぶ。一種の報復合戦、大金を賭けたポーカー、相手の出方を見て賭け金を上げる営みだ。一方、このメタファーは人間社会のしくみを反映したもので、昆虫と植物の関係にはふさわしくないと考える研究者もいる。

かれらは、単に「相互作用」と表現し、さまざまな要素が影響を与えあっていると考えた方が、含みがなく正確だと考えている。昆虫学者のマイケル・エンゲルは「進化の行ったり来たり[8]」という言い方を好む。彼に言わせれば、そもそも「顕花植物が生態系において台頭できた要因のひとつは、昆虫との結託にあります。そして多くの系統の昆虫もまた、花という宿主のおかげで繁栄したのです[9]」

わたしはアグラワルに、なぜ一部の初令幼虫は生き延び、残りの大多数は生まれたその日に命を終えるのか尋ねた。

「オークの木は生涯で一〇〇万個のドングリをつけます」と、彼は答えた。「その一部が生き延びるのはなぜでしょう？　単なる偶然で生き延びたものもいれば、適切な形質を備えていたから生き延びたものもいるでしょう。この例でも同じです。もっと科学的に答えるなら、オオカバマダラとトウワタは別々に生きているわけではありません。どちらも自然淘汰を通じて、自分のやることを少しずつ改善しつづけています。仮に一〇〇〇年間、オオカバマダラの進化を止めて、トウワタの進化を続けさせたら、オオカバマダラは全滅するでしょう」

もちろん、実際にはこんなことは起こりえない。すべての生物は進化する。変化こそが存在の本質、生命の根本原理なのだ。

イモムシが約五センチメートルまで成長すると、蝶への変身の準備が始まる。幼虫の皮を脱ぎ捨て、危険に満ちた世界から逃れて、避難所のような蛹に閉じこもる。そして捕食者の目を盗み、比較的安全な状態で変態という大仕事をなしとげる。このプロセスには数日しかかからない。

羽化して現れる蝶は、完成された成虫であり、ヒトを魅了してやまない豪華絢爛な色彩をまとう。けれども、わたしたちを虜にするオオカバマダラの色には、幻惑以外の機能もある。ドクロマークと同じ危険信号なのだ。自己責任でお食べください。トウワタを食べ、かつ鮮烈なオレンジ色で捕食者に警告を発する昆虫はオオカバマダラだけではない。オレンジの配色で警告し、緑の葉の上で目立つ主張をする種は、カミキリムシやカメムシにもいる。

自然界に時折みられるパターンだ。ふつう獲物になる動物はカモフラージュを身にまとい、発見されにくい外見をしている。子ジカの鹿の子模様は、枯れ草に射す木漏れ日への擬態だ。シマウマは縞模様で徘徊するライオンから姿を隠す。だが、ある動物が独自の防御法を備えている場合、体色を使って自分を目立たせ、記憶に残す真逆の戦略がみられる。例えばスカンクは、はっきりした白黒模様をもつ。この配色は一種のうぬぼれの表れで、僕は何も怖くない、怖がるべきは君の方だと伝えている。わたしの飼っているボーダーコリーも、白黒の体と威圧的な眉毛模様を備え、同じ戦略をとる。自身の存在を羊たちに伝えたいのだ。

ベッコウバチも深いオレンジ色を警告灯として用いる。このハチに刺されるととても痛いし、時には危険な症状をもたらす。けれどもハチだって、本当はそこまでやりたくはない。そこでベッコウバチは、漆黒の体に戦略的にオレンジ色を取り入れた。翅、触角、腹部の縞模様だ。この毒虫は要するに、背中にこう書かれたジャケットを着ているようなものだ――「オレは別にいいけど、お前は？」

オオカバマダラも同じことで、翅のきらめく鮮やかなオレンジ色は、近寄るなという警告なのだ。もし手を出せば、痛い目に合うぞ。孵化したばかりの幼虫は、まだ毒を溜め込んでおらず、オレンジ色ではなくほとんど透明だ。無防備なかれらは隠れなければならない。けれども幼虫が成長し、毒を蓄積させれば、鮮やかな色彩をまとう余裕が生まれる。そうなれば、もはやネオンサインのように目立つこと自体が防御になる。黒、黄色、白のバンドも入った翅はとても派手で、すでに十分な効果の毒を蓄積させている。色のメッセージはこうだ――どうぞお召し上がりください。お口には合わないでしょうけど。

肌寒い二月の朝、ピズモビーチに集まったわたしたちは、ガイドの話を立って聞いていた。雨雲の切れ間から、太陽が時々どうにか光線を送り込んでいた。

「蛹の中で変身のプロセスが完了すると、蝶が姿を現します」。熱中する子どもたちと大人たちに向かって、ボランティアは話を続けた。蛹の内部では翅が折りたたまれているため、羽化した蝶は最初におよそ一時間かけて、体液を翅に送り込む。そうして伸びきり、頑丈になった翅を広げ、蝶は飛び立つ。蜜と愛を求めて。

「こうして生命の循環がまた始まるのです」。そう言い終えたガイドが、不意に叫んだ。

「さあ、始まりましたよ！　時間ぴったり！」

ゆっくりと、初めは一匹ずつ、やがて続々と、オオカバマダラは止まり木の枝を離れて飛びはじめた。まずは穏やかに花蜜を探しにいくのだろうと、わたしは思った。

ところが予想外の事態が発生した。一部の個体が追いかけっこをしている。追われる側はアクロバティックに宙返りし、空中で回転して、追う側を巻こうとしているようだ。蝶が鬼ごっこをするなんて、どうもおかしい。

次の瞬間、追うオスの一匹が逃げるメスに追いついた。つかみかかろうとするオスを、彼女はどうにか回避した。彼は再び挑み、うまくいかないとわかると、彼女を地面に叩き落とした。そして地面へと追いかけ、押さえ込みにかかった。彼女はもがいたが、やがて彼は完全に自由を奪うことに成功した。彼は彼女を抱えたまま、空へと舞い上がった。

「それからああやって、ハネムーン・ホテルに飛んでいくんです」と、人当たりのいい元教師のガイドは言った。そういうことにしておこう。


オオカバマダラのセックスを、誰もがこんな穏やかな言葉で表現するわけではない。それどころか、この話題が出るたびに、少しばかり不機嫌になる鱗翅目学者もいる。

「オオカバマダラのオスは、自然界のろくでもない性差別主義者の最たる例だ[10]」と、デイム・ミリアム・ロスチャイルドはかつて記した。蒐集家ウォルター・ロスチャイルド卿の姪である彼女は、さらにこう続けた。「この属のほかの種のオスは、メスを幻惑しわが物にするとき、洗練された媚薬を使う。植物由来の前駆体から生成された愛の粉を、黄金のにわか雪のように、求愛の際にメスの上に降らせるのだ。ところがオオカバマダラのオスは、こうした小細工を捨て去った。たいていメスを強襲し、相手があっけにとられているうちに、力づくで征服する。その過程でメスの触角は曲がり、脚は体の下にくずおれ、翅が無残にちぎれることもある」

一九七八年に書かれたこのエッセイのタイトルは、「地獄の天使たち《ヘルズ・エンジェルズ》」だった。

これを読んだわたしはぎょっとした。ピズモビーチのガイドがここまで率直でも正直でもなくてよかったと思った。子どもたちにこんな恐ろしい事実を知らせる必要はないし、わたしでさえ、知るべきだったのか否か判断がつかなかった。選べるなら、甘っちょろい幻想の世界に浸ったままでいたかった。

もちろん、すべては解釈の問題だ。ロスチャイルドがオオカバマダラの求愛をかなり擬人的に描写したのは、彼女はこの蝶と同じで、大胆になれる立場にいたからだ。オオカバマダラの成虫のように、彼女は厳重に守られていた。デイム・ミリアム・ルイーザ・ロスチャイルドは、銀行家として名を馳せるロスチャイルド家の令嬢で、何にでもなりたいものになれた。そして彼女は昆虫学者を選んだ。正式な教育を受けたことはなかったが、二〇〇五年に九六歳で世を去るまで、彼女はオオカバマダラの世界的権威でありつづけた。

彼女はノミのこともよく知っていた。[11] 父チャールズは幼少期からノミに魅了され、二六万点を超える標本を集めた。底なしの収集欲があり、予算の制約がなければ、数十万匹の微小な昆虫をかき集めるのはけっして大それた夢ではない。もちろん、本当にそうしたいならの話だが。

ロールスロイスやダイヤモンド、宮殿や何やと、金持ちはいらないものを集めがちだが、彼のノミ集めはそんなばかげた趣味以上のものだった。チャールズの収集癖は、本物の科学の素養と結びつき、人類に多大な恩恵をもたらした。一九〇三年、彼は新種のノミを発見し、*Xenopsylla cheopis* と命名した。この種はネズミに寄生するが、ヒトにも頻繁に飛び移っては血を吸う。彼が見つけたこのノミこそ、少なくとも六世紀以来たびたび人類文明を津波のように襲ってきた、腺ペストの媒介者だったのだ。チャールズの発見のおかげで、わたしたちはノミを深刻な問題ととらえるようになり、腺ペストは昔よりもはるかにまれな病気になった。

ミリアムもまた、ノミに関する画期的発見をなしとげた。彼女はかつてこう語った――「誰もがノミを深く愛しているわけではありませんが、わたしは大好きでした。ノミの魅力のひとつは驚異的なジャンプ力です。わたしたちは、ノミが休憩なしに三万回も跳躍できることを実証しました。これは本当に途方もない数です……（ジャンプの）重力加速度は一四〇Gに達するとわかりました。これは月面ロケットが地球の大気圏に再突入する際の重力加速度の二〇倍です」

わたしは想像した。こんな発見をするくらいだから、相当ノミに入れ込んでいたに違いない。彼女は正しかった。誰もが彼女のようにノミのことを考えられるわけではない。ミリアム・ロスチャイルドは蝶の科学に身を置く人々のなかでもわたしのお気に入りだ。学校に通うことを禁じられ（女に教育など不要とされた時代だった）、彼女はほぼ完全に独学で、正真正銘の研究者になった。大人になった彼女は、いくつもの有名大学や研究機関に籍を置いた。世界初の国際ノミ学会を開催し、ロックバンド「クリーム」のジンジャー・ベイカーや弦楽四重奏の洗練された演奏で出席した科学者たちを楽しませた。二〇〇五年に亡くなるまでに、彼女は二〇〇本以上の学術論文を世に送り出し、王立協会の会員にも選出された。シートベルトを発明したのも彼女とされる。

ウォルター・ロスチャイルドは彼女にとって最高のお手本だった。彼は思うがままに生き、御者としてバッキンガム宮殿までシマウマに馬車を引かせたこともあった。とはいえ宮殿に長くはとどまらなかった。彼は知っていたのだ。たとえロンドンの石畳の通りを素直に歩いたとしても、シマウマは従順とは程遠く、王族の子どもたちに噛みついたりしたら一大事だと。

ミリアムは上流階級をからかう彼の気質を受け継いだ。彼女はスカーフをあしらった、テントのような紫色のドレスをよく着ていた。たくさんの本を書き、イブニングガウンの下に白のゴム長靴を履いてバッキンガム宮殿を訪問し、現代でいう同性愛者の権利擁護を主張し、今なお流行の続く野草ガーデニングを奨励した。統合失調症の研究に多額の寄付をおこない、芸術療法の先駆者にもなった。

彼女の科学的関心は多岐にわたったが、その中心にはたいてい、彼女自身が興味をもつ疑問があった。例えばある時、彼女はヒトリガと耳ダニとコウモリの関係について考えた。ある種のダニはヒトリガに寄生し、蛾はコウモリに捕食される。ミリアムは、耳ダニが蛾の片耳にだけ寄生する事実に気づいた。もう片方の耳にはけっしてダニがいないのだ。彼女はこう考えた——ダニはヒトリガが接近するコウモリに気づいて逃げられるように、片耳にしか手をつけないのではないか。

「いったん一匹のダニが入り込むと、ほかのダニもこれに続きます。ただし、かれらは常に同じ側の耳に寄生します。蛾の両耳がダニでいっぱいになることはけっしてありません。ダニたちは耳の中で闘争や交尾をします。どれもこれも、片耳の中だけで起こります。この現象を理解している人はいませんでした。誰ひとりとして、ダニが片耳だけに侵入する理由を知らなかったのです」と、彼女はかつてテレビのインタビューで語った。

最初のダニが蛾の片耳へと続く痕跡を残し、あとの個体はそれに従うというのが、彼女の発見だ。「というのも、当然ですが、ダニもコウモリに食べられたくはないのです。つまり、これは防御手段です。とても面白いやり方だと思います」と、彼女は語った。

彼女はまた、「正直に言うと、わたしはどんなことでも面白いと思ってしまうのです」とも述べている。本当にそうだった。

彼女がルネサンス期のイタリアに生きていたら、レオナルド・ダ・ヴィンチのような人物ときっと会話が盛り上がっただろう。彼女の関心のひとつが、オオカバマダラが捕食者にまったく襲われないことだった。英国にオオカバマダラは分布していないが、彼女は多くの文献を通じて知識を蓄え、いくつか標本も所有していた。自身が考える世界七不思議は何かと尋ねられ、かつて彼女はインタビュアーにこう語った。「オオカバマダラを選びます……なんといっても、蝶はじつはとても賢いんです」

「かれらは匂いが強いんです」。香りの嗅ぎわけが得意というわけではなく（実際、かれらの嗅覚はすぐれているが）、オオカバマダラ自身が強い匂いを発するという意味だ。

彼女は匂いの元は毒にあると考えたのだろうと、わたしは思った。だが、アヌラグ・アグラワルが間違いを正してくれた。忌避性の匂いをもつ昆虫は多いが、オオカバマダラの匂いはトウワタの毒に由来するものではない。この毒の分子は重すぎるため、揮発性物質として空気中を漂うことはないのだ。それなら、匂いの元は何だろう？

「わかっていません」と、彼は答えた。「将来の研究テーマとして有望ですね」

あるインタビュー映像のなかで、ロスチャイルドは金色の斑点が散る青緑色の蛹を手に話した。中ではイモムシから蝶への変身が進行中だ。

「かわいい子」とつぶやいたあと、彼女は自身が関わった画期的な成果について説明した。米国のリンカーン・ブラウワー、スイスのノーベル化学賞受賞者タデウシュ・ライヒスタイン、英国のジョン・パーソンズとの共同研究だ。

オオカバマダラがほかの多くの蝶を餌食にする鳥から無視されることは、一九世紀にはすでに観察により知られていた。オオカバマダラは不味いからだろうと考える者もいたが、証拠はなかった。それに、なぜオオカバマダラは不味いのかという疑問も残る。この蝶は自分で毒をつくりだすのだろうか？　それとも、何か食べ物から毒を取り込んでいるのか？

今でこそこの疑問の答えは常識となっているが、両者を切り分けるのは簡単ではなかった。一九世紀の観察から、オオカバマダラがトウワタしか食べないこと、幼虫は時にトウワタを食べて死ぬこと、トウワタに苦味と毒があることは知られていた。したがって、トウワタに含まれる何らかの成分がオオカバマダラを守っていると考えるのは筋が通っている。二〇世紀初頭にはまだ議論の余地のある考え方だった進化理論は、オオカバマダラとトウワタの明確なつながりを説明できそうにないと目されていた。二種の別々の生物が、どうしたらこれほど密接な関係を築けるというのか？

　この謎は一九六〇年代に至っても棚上げされたままだった。社交界の中心人物であり、世界的な生物学者でもあったデイム・ミリアム・ロスチャイルドは、この謎の解明を心に誓った。彼女はまず、近い関心をもつ研究者たちを大邸宅での昼食会に招いた。じつに楽しい会になった。その後、大西洋をまたいで手紙のやりとりが続いた。米国のリンカーン・ブラウワーとジェーン・ヴァン・ザント・ブラウワーはオックスフォードにしばらく滞在し、この問題についてロスチャイルドらと議論を重ねた。そして一連の画期的な実験がおこなわれた。

　蝶を直接扱う実験研究を主導したのはブラウワー夫妻だ。かれらはまず、アオカケスにオオカバマダラを食べさせると吐き出すことを示した。[12]『サイエンティフィック・アメリカン』は一九六九年二月号でこの研究を大々的に取り上げ、二匹の蝶のどちらを食べようか迷うアオカケスの姿がカラフルに表紙を飾った。

　次にリンカーン・ブラウワーは、トウワタではなくキャベツを食べることのできるオオカバマダラの幼虫の系統をつくりだした。「そんなことが可能かどうかわたしに聞いていたら、無理だと答えたでしょう」と、アグラワルは語り、ブラウワーの重要な成果を讃えた。

　不可能を可能にした方法はこうだ。まずは孵化したばかりの幼虫を集め、キャベツの上に置く。そしてそのまま放置する。当然、ほぼすべての個体が餓死する。

だが驚いたことに、数匹はどうにか生き延びた。ブラウワーは、生涯にわたってこの成果を心から誇りに思っていたと、[13]二〇一八年に亡くなる数週間前にわたしに話してくれた。生物がいかに柔軟かをまざまざと見せつける例だ。

ブラウワーは生き残りどうしを交配させ、生まれた幼虫を再びキャベツに乗せた。数えきれないほどこれを繰り返し、ついにキャベツを食べて生きられるだけでなく、ここが肝心なのだが、毒をもたない一握りのオオカバマダラの幼虫をつくりだすことに成功した。これらを鳥に与えると、鳥は吐き戻さなかった。こうしてブラウワーは、オオカバマダラの成虫の毒が、幼虫の間に食べた植物に由来することを証明した（ところで、彼がつくりだした少数集団は、気候変動によって餌植物を変えざるを得なくなった動物がどう進化しうるかを単純化したモデルとみなすことができる。ある地域で、新たな植物を食べられるごく少数の個体以外が全滅した場合、生き残った個体たちはお互いを見つけ、交尾し子を残すだろう。いずれは新種が誕生するかもしれないし、単にひとつの種が絶滅して終わるかもしれない）。

「キャベツ実験で突破口が開けました」と、ブラウワーは語った。チームはやがて生物学の一分野の礎を築いた。化学生態学、すなわち化学物質を種間コミュニケーションにおける「言語」とみなして研究する学問だ。

「失敗のリスクが大きい試みを続けることに、迷いはなかったんですか？」。わたしは彼に尋ねた。

「あの実験は多分に運が味方しました。でも実験なんて、だいたいそんなものですよ」と、彼は答えた。

彼の真意を知りたくて、わたしは続く言葉を促した。

「あの実験は大きな賭けでした。オオカバマダラの幼虫をキャベツの上に置けば、数百匹に一匹くらいは生き延びて繁殖するかもしれない。そうなれば、選択交配でキャベツの葉を消化でき、飢え死にしない系統をつくりだせるだろう。そう考えたんです」


次なる課題は、トウワタに含まれる有毒物質の特定だった。ロスチャイルドはスイスの化学者にしてノーベル賞受賞者、タデウシュ・ライヒシュタインの力を借りた。オオカバマダラはヨーロッパにはいないので、ブラウワーが喜んで化学者チームにサンプルを送った。かれらは蝶から有毒物質を抽出し、同じ毒がトウワタにも含まれることを実証した。

それが決め手だった。オオカバマダラとトウワタは、特別な化学物質を介して、密接に絡みあう関係を築いている。両者を結びつけるものはわたしたちの眼には見えず、関係はかつて多くの人々にとって魔法そのものに思えた。けれども、蝶にとっては一目瞭然だ。現代のわたしたちは、化学が進化の共通通貨であることを当然の事実と受け止めている。けれども二〇世紀半ばの当時、これはビッグニュースであり、信じられないと思う人も少なくなかった。ブラウワーはのちに国際化学生態学会の初代会長を務めた。

ミリアム・ロスチャイルドにはオックスフォード大学、ケンブリッジ大学などから八つの名誉博士号が与えられ、王立協会の会員に選出された。

彼女はノミと蝶に変わらず愛を注ぎつづけ、なかでもオオカバマダラのメスは大のお気に入りだったが、この種のオスについては生涯意見を変えなかった。「オスは悪党だ」と、彼女はある時書き記している。それは紛れもなく彼女の本心だった。

第9章　スカブランド

オオカバマダラはわたしが思うに、世界でもっとも興味深い昆虫だ
――ミリアム・ロスチャイルド[1]『蝶に仕える庭師（The Butterfly Gardener）』

ワシントン州の西端から三分の一は、北西に移動を続けるファアン・デ・フカ・プレートの断片の集合体だ。言うなれば、ブロック塀からはがれ落ちた部分を大陸プレートにくっつけたのがワシントン州だ。オレゴン州を走る海岸山脈は、「シアトルの下腹にぞんざいに突き刺さっている[2]」ようだと、地理学者のエレン・ビショップは述べる。

こうした地形により、興味深い気候が形成された。大量の雨が海に流れ込むワシントン州西部はとてつもなく降水量が多く、とくに霧雨と土砂降りが続く長い冬には、頭がおかしくなる人も出るほどだ。シアトルのオーロラ・ブリッジは冬の飛び降り自殺者の多さで有名だ。わたしがピズモビーチを訪れてから数カ月後の二〇一七年四月、シアトルではそれまでの半年間で一一〇〇ミリメートルもの雨量を記録し、一九世紀末の観測開始以降最多となった。そこから少し西に行ったオ

リンピック半島では、同時期の降雨量は二五〇〇ミリメートルにのぼった。

だが、こうして豪雨に見舞われたのはカスケード山脈の西側だけだった。約四〇〇〇万年にわたって成長を続ける、総延長一一〇〇キロメートルの山脈の東側では、事態はまったく違った様相を呈する。常緑州として知られるワシントン州だが、山脈の東側では、このニックネームは悪意に満ちたジョークでしかない。ワシントン州の東の三分の二は、暑く乾燥した、過酷で不穏な土地であり、大部分がシルトと砂でできた古代の砂丘で覆われている。西側の住民たちがほんの数分でいいから太陽を見たいと切望する一方、東の人々は陽射しから逃れたくて仕方がない。灼熱の太陽は多くの土地を通行不能の舗装道路に変える。荒涼とした暗い玄武岩の崖は、地衣類ですらどうにかしがみつくのがやっとだ。景色を見ているだけで喉が渇いてくる。

全体像を見渡すには、飛行機に乗る必要がある。ここの地層は古い。それも並大抵の古さではない。カナダやアイダホに近い一部の地域では、二五億年前に存在した超大陸ケノーランドの一部だった時代から存在する岩石に手を触れることができる。

これらはみな秘史になるはずだった。地球上の大地は絶えず移動しつづけていて、どの土地をみても通常この年代にできた岩石は、二五億年分の堆積物の下に隠れている。沈殿物、植物化石、恐竜の骨などが積み重なっているのだ。太古の地層が時の試練にさらされ続ける姿を、わたしたちが目にする機会はあまりない。

だが、太平洋の雨はこの一帯には届かない。標高四三〇〇メートルを超え、四八州でもっとも大きな氷河に覆われた頂をもつレーニア山を最高峰とするカスケード山脈は、雨雲から水分を最後の一滴までしぼり取る。ワシントン州の山脈の東側はピザ焼き窯のように暑い。危険で過酷で容赦のない、砂漠化してからからに乾ききった大地だ。一帯についた名前は「かさぶたの地《スカブランド》」。ぴったりの名前だ。

時は八月下旬。わたしはデヴィッド・ジェームズに会うためにここへやって来た。ジェームズはオオカバマダラのモニタリングプログラムを運営する研究者だ。わたしたちは無数のリンゴの木で知られるヤキマの町で出会った。リンゴはワシントン州の名産品だ。心地よい果樹園の写真を使った広告を見て、わたしは大学生の頃にバーモント州の果樹園で収穫のアルバイトをしたのを思い出した。だが、実際のワシントン州の「果樹園」はそれとは似ても似つかなかった。なだらかな丘も、やわらかな緑も、そこにはなかった。

ジェームズはわたしに、日中の気温は四〇℃近くになると忠告してくれた。驚きはしなかった。というのも、前日もそれくらいの気温だったのだ。わたしはマスを探しながらヤキマ川に浮かんで前日をやり過ごし、この日も大きめの白いブラウスを着て準備万端だった。残念ながら、下は重いブーツとジーンズを着るしかなかった。ヘビが潜むやぶを突き進むことになるからだ。

わたしたちが向かったのは、ロワウー・クラブ・クリーク野生生物保護区。この小川《クリーク》はかつて広大だった湖の最後の名残だ。道すがら、わたしたちはハンフォード・リーチ国定公園の白亜の崖に立ち寄った。かつて世界初の大規模原子炉であるハンフォード原子炉が設置され、現在は米国最大規模の放射性汚染浄化が進められている。一般開放されているトレイルから見る砂丘は、威圧感も灼けつく熱さも、サハラ砂漠にまったく引けをとらない。

わたしたちはコロンビア川に沿ってしばらく進んだあと、脇道に入った。急峻なサドル山地の北麓を通り過ぎ、車を降りると、わたしは湿気がまったくないことに気づいた。眼球まで干からびそうだ。太陽があらゆる生命を焼きつくしている。こんなところにオオカバマダラがいるのだろうか？(3)

かれらに必要なのは花蜜と水、それに陽射しと風から身を守れる隠れ家だと、ジェームズは言う。実際、この夏の最初の数世代はじつにうまくやっていた。見かけによらず、前年の冬から春にかけては「たくさん」（これは彼の言葉で、わたしは断じて言っていない）雨が降り、トウワタが繁茂した。八月下旬の今は乾ききっているけれど、この夏のオオカバマダラの繁殖成果は、高い水位が維持されたおかげで良好だと、彼は言う。

「暑さは平気なんですか？」と、わたしは尋ねた。

彼によれば、確かに影響はあり、とくに熱波が長く続くとダメージが大きい。二〇一五年には数週間にわたって最高気温が四六℃に達する高温が続き、蝶は被害を受けた。これほど高温になると、幼虫の成長が鈍化し、捕食者に狙われやすくなる。それでも、ジェームズの長期研究によれば、ここを訪れる蝶はただの通りすがりではなく、長期滞在者だ。春の渡りの時期に到着した蝶たちは、この地にとどまって繁殖し、そして去っていく。つまり、この小さなオアシスのようなエリアのなかで、生きていくのに必要な資源をすべてまかなっているのだ。

ジェームズの専門は生物による害虫抑制で、ぶどう園への助言を生業にしている。オオカバマダラの保護事業は完全にボランティアで、資金はポケットマネーから出している。彼のふだんの仕事のテーマは「美と利益の両立《ビューティー・ウィズ・ベネフィッツ》」で、殺虫剤の使用量を抑えつつ在来種の野草を植えれば節約になると、ぶどう園の管理者たちを説得して回っている。目的は、ぶどうに被害をもたらす害虫の数を抑えてくれる益虫を呼び寄せることだ。言うまでもないが、彼はぶどう園のまわりにトウワタを植えてハチなどの益虫を呼び寄せ、害虫の数を抑制する方法を奨励している。

その嬉しい副作用として、蝶の数が増えるのだと彼は言う。蝶は害虫抑制に役立つわけではないが、ヒトの心には抜群の効果をもたらす。ジェームズがどんな話をしていても、蝶は会話に割り込んでくるようだ。イングランドの自宅の庭でイモムシを見つけた八歳の時から、ずっとこうなのだという。そのイモムシを成虫まで育てあげて放して以来、彼はナチュラリストになると心に決めていた。まだ子どもだった一九七〇年には、すでに地元の新聞記事で、イングリッシュガーデンにイラクサを植えるよう人々に説いていた（イラクサは多くの蝶の好物なのだ）。

愛しのオオカバマダラと同じく、ジェームズも「渡り」をしてきた。マンチェスターからオーストラリアに移り住み、この隔絶された大陸で繁栄するオオカバマダラの個体群を研究して博士号を取得した。この蝶はオーストラリア在来種ではないが、どうにかして太平洋を越え、一八七一年にシドニーで初めて記録されると、やがてこの街では馴染み深い存在となった。米国での呼び名の「王者《モナーク》」ではなく、ここではかれらは「放浪者《ワンダラー》」と呼ばれている。

「蝶たちはおそらく、島から島へと徐々に拡散しながら太平洋を越え、自力でオーストラリアにたどり着いたのでしょう。そしてオーストラリアに入ると、この地の環境条件に適応しました。わたしはそのようすをこの眼で見てきました」

途方もない空の旅だと、わたしは思った。

「ありえることです。現に毎年、北米から一、二匹のオオカバマダラがイングランドに迷い込んでいます」。風の気まぐれで大西洋を超える個体がいるなら、アイランドホッピングではるかオーストラリアまで運ばれた（あるいは飛んできた）としても不思議はない。あくまで仮説ではあるが。

到着したかれらは、クラブ・クリークの蝶たちと同じように、必要とするものを見つけたようだ。オオカバマダラはオーストラリア各地に棲みついた。すでに述べたとおり、渡りをする集団もいれば、定住集団もいる。北米と同じように、オーストラリアでも温帯に分布し、冬に気温が下がるとより穏やかな気候の土地に移動する。かれらはまた、キングストン・レオンが研究をおこなっているのと似た環境を越冬地に選ぶ傾向にある。わたしが最初に連れて行ってもらったパシフィック・グローヴのような場所だ。オーストラリアにおけるオオカバマダラの越冬に関して、初の研究を発表したのは誰あろうジェームズで、調査地はシドニー近郊だった。

「オーストラリアでも渡りをしますが、ずっと短距離で、これは渡りの必要性がそこまで大きくないためです。渡りをするかどうかの意思決定はきわめて柔軟で、羽化してから経験する気象条件やその他の環境条件に依存します。暖かく晴れた日が続けば、渡る必要はありません。どちらを選ぶこともできる、フレキシブルな生き物なのです」

　この年、彼はオオカバマダラの知られざる柔軟性を示す、さらなる証拠を見つけることになる。それまでわたしが読んできた文献からは、オオカバマダラは生得的行動パターンに支配されている印象を受けた。だがジェームズは異を唱える。「見れば見るほど、かれらは複雑だとわかります」

　一九九九年にオーストラリアからヤキマに移り住んだジェームズは、すぐさまオオカバマダラを探しはじめた。ほかの蝶には目もくれず、というわけではない。なにしろ、彼は米国北西部に分布する全一五八種の蝶の生活環を網羅した専門書の共著者だ。かのデヴィッド・アッテンボローも「卓越した」この著書を持っているという。

　調査地に着き、わたしたちは玄武岩の崖のそばの舗装された駐車場に車を止めた。どれくらいオオカバマダラが残っているかはわからない、とジェームズは言う。一匹残らず飛び去ってしまったかもしれない。あるいは全員が暑さにやられたか。この時は二〇一七年の八月末で、例年ならほとんどの個体が渡りを開始している時期だった。だが、この夏の始めの個体数には期待をもてた。もしかしたらまだ多少はいるかもしれない。

　このわずかに残された湿地は、前の冬に一帯を襲った「大雨」の恩恵を受けた。大雨というのはわたしの皮肉だ。この年の一月、シアトルやオリンピック半島が洪水に見舞われるなか、ヤキマの住民たちは平年の二倍の降水量を喜んだ。ふだんは二五ミリメートルのところ、五〇ミリメートルの雨が降ったのだ。おかげで八月下旬の今でも、水位は比較的高く、小さな茂みにトウワタが咲いていた。

わたしたちはやぶを抜けて歩いた。春の草は枯れて黄褐色になっていたが、まだ花を咲かせている植物もあった。エゾミゾハギやヤナギバグミがそうだ。どちらもこの地域では侵略的外来種だが、ジェームズの考えでは、これらの植物はクラブ・クリークのユニークなミニチュア生態系の基礎をなしている。ここに多様な野生動物が暮らし、砂漠の中の約束の地となっている理由のひとつだというのだ。

エゾミゾハギはきわめて侵略性が高く、州によっては植栽が法律で禁じられている。園芸種は不稔のはずだったのだが、野生種と出会い、交配が起きた。こうした強健な外来種に押され、在来植物は姿を消しつつあるが、何を隠そう、この花は蝶の大好物だ。アゲハ類、キチョウ類、シロチョウ類、ヒメシジミ類、それにもちろんオオカバマダラもエゾミゾハギを愛している。この花が咲くコロンビア川の河畔まで、蝶たちはほんの数分でたどり着ける。かれらがこの不毛の地まで到達できるのはエゾミゾハギのおかげかもしれない。オオカバマダラはおそらく、秋に川に沿って渡り、エゾミゾハギの花蜜を吸って、カリフォルニアまで飛ぶための栄養を蓄えるのだろう。

ヤナギバグミの茂みもまた重要だと、ジェームズは考えている。夏の暑さをしのぐ日陰になるだけでなく、オスにつきまとわれたくないメスたちの避難場所にもなるからだ。彼はヤナギバグミの木陰に育つトウワタの葉の裏に卵を見つけたこともある。

「もう夏も終わりなので、ここで何かみつかるかはわかりません」と、彼は言った。

その直後、一匹のメスが現れた。彼は身長の二倍近い長さの捕虫網を、カウボーイの投げ縄よりも速く繰り出した。捕獲成功。

ジェームズはこのメスを慎重に網から取り出すと、人差し指で頭と胸を優しく押さえながら、片手で翅を広げた。「腹は絶対に触りません。卵がありますから」

彼女は翅のあちこちが欠けて、色もくすんでいた。たくさんの鱗粉を失ったのだろう。けっして珍しいことではないと、ジェームズは説明した。彼女がそれなりに長く生き、経験を積んできた証拠だ。

「カリフォルニアにはたどり着けないでしょう」と、彼は言った。

彼は繊細な手つきで蝶をすくい取ると、採集キットに入れた。小さなプラスチック容器は上部がメッシュになっていて、空気の循環を促し、蝶の体を冷やせる構造だ。通気をよくして呼吸できるようにする意味もあるのか、わたしは尋ねた。彼の説明によれば、もちろん酸素は必要だけれど、要求量はほんのわずかなので、たとえ上部がメッシュになっていなくても、酸素がなくなるまでにはかなり時間の余裕があるという。「窒息する前に餓死する可能性の方が高いでしょうね」と、彼は言った。

だが、彼女にもう餓死の心配はなかった。メスは卵を産んだあと絶命するというのは迷信だ。実際には、命の続くかぎり繁殖し産卵することができる。このメスも老いてはいたが、まだ腹に卵をもっていた。ジェームズは彼女を自宅に連れ帰るつもりだった。彼の家には蜜を湛えた花もトウワタも豊富にある。彼女の産んだ卵は、彼が育てあげ、健康な次世代のオオカバマダラとして、タグ付けされたあと外の世界に解き放たれる。アメリアの蝶がそうだったように。

ジェームズは北西部太平洋岸の全域でオオカバマダラの標識プロジェクトを運営している。彼は甘いささやきで人々を引き入れ、生きとし生けるものすべてへの情熱を伝える、ハーメルンの笛吹きだ。二〇一二年に始まったばかりの彼のプロジェクトは、すでにロッキー山脈の西側で最大級のものへと成長した。今ではオレゴン州南部にも、カリフォルニアとの州境近くにも、アイダホ州全域にも協力者がいる。彼は刑務所での更生プログラムもいくつか運営している。殺人犯が長期服役するワラワラ刑務所に、彼は卵のついたトウワタの葉を郵送しているのだ。受刑者たちは羽化するまで虫たちの世話をして、その後はタグ付けして放蝶するか、地域で頻繁に開催される放蝶イベントでジェームズに手渡す。

「研究の肝は飼育なんです」と、彼は力説した。「受刑者たちは生き物を育てるのがとても上手です。大量のイモムシを飼育する時は、衛生面に気をつけていないと病気の問題が生じます」

イモムシの飼育には多大な労力を要する。まずは新鮮な葉が必要だ。それに、かれらは成長するにつれ大量の糞を出すようになる。こまめに捨てないと細菌が繁殖し、幼虫に感染しかねない。イモムシを大きさで選り分け、蛹はまわりの幼虫に食べられないよう隔離しなくてはならない。

ジェームズは、ワラワラ刑務所のプログラムは千載一遇のチャンスだと考えている。受刑者にはいくらでも時間があるからだ。プログラムは参加者にも好評だ。あるグループに子猫とオオカバマダラのどちらを育てたいか尋ねたところ、圧倒的多数が蝶を選んだ。かれらは「蝶の世話人《バタフライ・ラングラー》」を自称する。ジェームズに言わせれば、これこそ本物の「バタフライ効果」だ。蝶は人を自然界にあるルーツと結びつける。たとえ服役中であっても。

ヤナギバグミは米国西部全域でヤナギやハコヤナギを脅かしている。そんな侵略的外来種が、ここクラブ・クリークではオオカバマダラを育んでいるかもしれないのだから、皮肉なものだ。わずかな表層水さえあれば、ヤナギバグミは密にこんがらがったやぶをつくり、そこはたいていの動物にとって通行不能も同然だ。わたしたちはどうにかやぶをかき分けてきたが、この中で何かを追うのは至難の業だろう。

「いましたよ。羽化したばかりのメスです」

網をひと振り、また捕獲成功。簡単そうに見えるが、じつは難しい。

蝶にタグをつける時は翅を閉じて立てる。裏面につけるのは、翅を閉じて枝にぶら下がっている時に視認しやすくするためだ。蝶の翅を走る翅脈は、翅をいくつもの図形に分割する。ひとつひとつの図形は「セル」と呼ばれ、翅の表面の決まった領域を占める。タグの接着面を貼りつけるのは、後翅にある円盤状のセル（中室）で、その形から一般に「ミトンセル」と呼ばれる。

「あそこにもう一匹」。彼は目を凝らした。「老齢個体ですね」。彼はそう言って、飛び去る蝶を見送った。

「どうしてわかるんですか？」

「あまり色鮮やかじゃないでしょう。くすんで見えます」

蝶の鱗粉は簡単にはがれ落ちる。手で扱う時はよほど注意しないと、指が妖精の粉のような鱗粉で覆われてしまう。蝶を扱う人たちはよくマスクを着用する。顕微鏡サイズの鱗粉は、ヒトの肺に入ると呼吸障害の原因になりかねないためだ。

わたしたちは抱卵中のメスを捕まえた。

「捕まえる時に傷つけないように、何かしているんですか？」わたしは尋ねた。

「蝶は頑丈ですよ」と、彼は答えた。

わたしは訝しんだ。「頑丈」と「蝶」の両方がひとつの文章に並ぶことに違和感があった。

「蝶を持った経験は？」。彼は尋ね、わたしが無いと答えると、そのメスを手渡してくれた。

「胸は丈夫です。かなり強く押さえないかぎり、損傷を与えることはありません」

彼はわたしに押さえてみるよう促した。しぶしぶながら、わたしは少しずつ力を込めてみた。蝶は繊細ではかなく、ティンカーベルのようにふっと消えてしまいそうな白昼夢のような生物。そんなわたしの先入観は覆された。

彼の言う通りだった。外骨格は想像以上に硬かった。幽霊をつかむようなものかと思ったが、手の中の蝶は立派に生きていた。

「なんだかかわいそうですね」。ジェームズが彼女を採集キットにしまうのを見て、わたしは言った。

「彼女は介護施設に入るんです」と、彼は答えた。「彼女は不滅です。卵を産めるし、もうオスに絡まれることなく、いくらでも蜜を飲めるんです」。年老いたオオカバマダラのメスが、ほかに何を望むだろう?

気温は上昇しつづけ、わたしたちは捜索を打ち切った。虫たちはヤナギバグミの茂みのどこかへ隠れた。鳥の声も静まっていた。昼寝の時間だ。わたしは冷たい飲み物を想像しつつ、ジェームズと一緒に駐車場に戻った。

彼は上機嫌だった。「卵を産んでくれるメスが二頭も手に入りました」と、宝くじに当たったかのように言った。「何時間探しても見つからない日もあるんですよ」

わたしは彼を昼食に誘った。「だめなんです。家に戻らないと。ごはんを待っているのが何千匹もいますから」

空は雲ひとつなかったが、なぜか空気はかすんでいた。

「煙です。カナダで森林火災が起きていて、ここまで煙が流れてきているんです」

「こんなところまで?」。わたしはびっくりして聞き返した。だが、驚くことではない。数年前にはシベリアの野火の煙が、卓越風に乗ってはるかワシントン州まで流れてきたくらいだ。

この時に話していた火災はカナダにとどまりはしなかった。翌日、わたしは車でオレゴン州ポートランドに向かったが、進むほどに煙は濃くなった。わたしは絶景で知られるコロンビア川峡谷を初めて見るのを楽しみにしていたが、その姿は拝めなかった。到着した時には、峡谷は煙でほとんど見えなかったのだ。通り過ぎる崖や稜線には、残り火が赤く輝いていた。インタビューの合間にハイキングをするつもりでいたわたしは、足慣らしに峡谷のそばの短い登山道を歩いた。出発地点は観光客でいっぱいで、そのなかのひとりになるのはあまりいい気分ではなかった。けれども翌日には、崖の斜面から山頂まで炎に覆いつくされ、コロンビア川峡谷一帯は数週間にわたって入山禁止となった。わたしの翌日に登山道に入ったハイカーたちは救助されるはめになった。

こんなカオスな気候のなかで、渡りをする蝶たちはどうやって道を見つけるのだろう？

第10章　レインダンス農場にて

生息地の喪失は単独では起こり得ない。
――ニック・ハダッド『最後の蝶（The Last Butterflies）』

わたしはアメリアに会いに行こうとしていた。彼女はオレゴン州コーバリスに住んでいて、もう六歳になっているはずだ。母親のモリーはウィラメットバレーでわたしを案内し、大好きな蝶の話をしてくれた。アメリアの父親は連邦森林局に勤めていて、先ほどもらった電話によると、火災と煙のせいで日課を中断して緊急出動するという。

それはハイカスケード・コンプレックスと呼ばれる一連の火災のうちのひとつだった。七月下旬に落雷が原因で発生した火災群が沈静化に向かったのは、ようやく一〇月中旬になってからだった。ウィラメットバレーの東側の住民たちは、自宅待機または完全避難を指示された。火災はまだコーバリスには到達していなかった（のちに到達する）が、すぐ南で猛威を振るっていた。

八月三〇日のこの時点で、わたしたちは先に決めていた予定通りに行動できそうだった。まずはレインダンス農場の訪問だ。広さ約一平方キロメートルのこの実験区画は、一九九二年以来、ウォーレンとローリーのホールジー夫妻が所有している。夫妻は一部の区画を地元の農家に貸し出しつつ、残りを西部開拓以前の自然の状態に戻す試みを続けている。

一万年前、氷河期の終わりの洪水が長さ一六〇キロメートル、幅五〇キロメートルのウィラメットバレー全体を満たし、深さ一二〇メートルの湖をつくった。スカブランドからあふれた水は、かつてのコロンビア川を怒涛の勢いで流れ下り、現在のポートランドである急カーブに到達した。そこで川は近道を通り、左に曲がってバレーに注いだ。大洪水によって盆地は水底に沈み、バレーは巨大なバスタブと化した。暴れまわる水とともに、かつて北西部一帯を覆っていた土壌やシルトが流れ込んだ。水が落ち着くと、土砂は湖の底に沈殿し、深く豊かな土壌を形成した。

この土壌が生命の繁栄の礎を築いた。古代の人々はこの楽園で豊かに暮らしたことだろう。野生鳥獣の豊富な草丈の高いプレーリーが形成され、広大な湿地には渡り鳥が飛来し、野山では果実やナッツや根菜がいくらでも採集できた。この地の最初期の住民たちは、ドングリのアク抜きをしてパンを焼き、炎を操り草丈を低く保って、生産性の高いひらけた土地を維持した。考古学者は最近、黒曜石でできた両刃の斧を大量に発掘したが、これらは四〇〇〇年前にさかのぼる可能性がある。

この土地に適していないことがひとつあるとすれば、それは旧来のヨーロッパ式農業だ。古代の湖は排水され姿を消したが、山脈に囲まれ、無数の河川や渓流が流れ込む谷底は、依然としてきわめて多湿だった。土壌が完全に乾ききることはなかった。冬の雨の時期には、おびただしい数のつかの間の湖沼が、一万年前の湖の痕跡として出現した。一部は夏の間に表層水を失うが、地下の土壌にはまだあまりに水分が多く、ヨーロッパの作物は栽培できなかった。

先住民たちはこうしたリズムにしたがって生活した。狩猟鳥獣を追って季節移動し、適切な時期に適切な場所で食料となる植物を採集した。一方、ヨーロッパ人の農民たちは土木工学の手法で自然を制御しようと試みた。ホームステッド法で土地を得た入植者たちは、ひとつの場所に縛られた。季節によって移動する術はかれらにはなかった。そのため、かれらは土地とともに生きるのではなく、ビーバーの対極にならざるを得なかった。バレーでの農業に必要不可欠な灌漑は、まずは小規模に始まった。大規模な土木工学技術が登場したのは二〇世紀初頭だ。いまやこの地域には、工業的農業に欠かせないプラスチックパイプが、総延長数千マイルにわたって張りめぐらされている。

「このあたりは、本当なら冬の間は全部水の底に沈むんです」。わびしく荒廃したように見える畑を指差して、モリーは運転しながら説明してくれた。ほこりっぽく乾燥した氷河期の土壌は、畑の上空でスーフィーのように旋回し、ミニチュアの竜巻をつくった。「いま目の前にあるのはエンジニアリングの偉業です。ウィラメットバレー全体が、かつては巨大な氾濫原でした。川に水路が整備されるまでは」

現在、ウィラメット川は言われた通りの場所にとどまり、言われた通りのことをしている（たいていは）。モリーとアメリアとわたしは、何キロも続くヘーゼルナッツ農園の合間をドライブした。ほとんどが最近設立されたものだ。現代の灌漑技術ときわめて安価なプラスチック素材のおかげで、バレーはいまや世界のヘーゼルナッツ生産の中心地となった。ヘーゼルナッツは昨今、「完璧な肌」

をもたらす「アンチエイジング」食材としてもてはやされているのだ。
「どうしてこんなにヘーゼルナッツ農園が？」わたしは不思議に思った。
「水の使用規制でカリフォルニアのナッツ農園がほとんど干上がってしまったんです」と、モリーが教えてくれた。「それでオレゴンに進出してきたんですよ」

わたしたちは重機が土を掘り起こし、余分な水を排出する巨大なポリ塩化ビニルのパイプをほどいていくのを見届けた。南フランスのプロヴァンスでもこんな風景を見たことがあり、そこではローヌ川の氾濫によって形成された豊かなシルト層が活用されていた。だが、かの地での水利プロジェクトはローマ時代に始まり、十数世紀の時を経て完成されたものだ。一方、ここでは何もかもが瞬く間に起きている。

確かなことがひとつある。オオカバマダラはナッツ農園では生きられない。トウワタがないからだ。ほかの蝶にとっても同じだ。ナッツ農園には、たいていのモノカルチャーと同じで、昆虫の生存に不可欠な顕花植物（いわゆる「雑草」）の居場所はない。ただし、地主がデヴィッド・ジェームズの「美と利益の両立」プランを取り入れているなら、話は別だ。

わたしたちは農場主の家に到着した。谷底に位置しているのは、この農場のごく一部だけだ。丘を登っていくと、眼下にたくさんの農業機械と、おなじみのサハラ砂漠のような砂塵嵐が見えてきた。まるでミニ・ダストボウルだ［訳注：ダストボウルは一九三〇年代に米国のプレーリー地帯で多発した砂嵐をさす」。何エーカーも先まで、地面を覆う植生は皆無。氷河期の豊かな土壌がこんな末路を迎えるなんで、誰が想像できただろう？　つむじ風が巻き起こるたび、ウィラメットバレーは貧しくなっていく。

単なる妄想かもしれないが、農場に着くと、気温がすぐさま過ごしやすく感じられた。少なくとも、旋回する砂埃の悪魔がいないおかげで、サハラ砂漠にいるような気分ではなくなった。

周囲は背の高い在来種の草でいっぱいだった。世界中で少なくとも四〇種の蝶と蛾に愛されているヒロハノコメススキは、九月を前にして黄金に色づいていた。何年も前に植えられて以来、この草は旺盛に茂っている。セセリチョウの一種アンバー・スキッパー *Poanes melane*(1) の好物であり、シカやアカシカなどさまざまな草食動物の食料でもある。オモダカやカマシアなどの食草も移植された。それ以外にも、復活した在来種の植物は数知れない。

「ホールジー夫妻は大改造された土地を元どおりにしようとしてるんです」と、モリーは言った。時間のかかる仕事だが、ホールジー夫妻は辛抱強い。かれらは排水パイプを取り除き、自然の治水機能にまかせるだけで、在来種の植物は回復しはじめると気づいた。種子はまだ地中にある。足りなかったのは水だけなのだ。

ホールジー夫妻はずっと昔にトウワタを植え、ただ好きだからという理由で、何年もオオカバマダラを育てては放蝶してきた。モリーとアメリアは、かれらにデヴィッド・ジェームズの標識プログラムの話をした。二人はついでにタグをいくつか持ってきた。ホールジー夫妻が育てるオオカバマダラの何匹かは、その朝ちょうど蛹から姿を現したばかりで、ガラス瓶のなかでせわしなく羽ばたきながら待っていた。わたしたちはメッシュのふたで覆われた容器を邸宅の裏手まで持っていった。そこには草花や蝶が好むやぶ、樹木が太陽をめいっぱい浴びて成長を謳歌していた。

農場の外では山火事が猛威を振るっていた。心配事もあった。だがここでは、オオカバマダラの放蝶にちょうどいいコンディションが整っていた。この虫が渡りをするとしたら、煙を突っ切っていけるだろうか？　それでもわたしたちは準備を進めた。彼女をずっと先まで守りつづけることは、わたしたちの仕事ではない。

予定通りミトンセルにタグをつけると、アメリアは指の上で蝶を休ませた。オオカバマダラは太陽光に驚いたかのように、しばらくそこに止まった。それから空に舞い上がり、家の屋根から突き出た垂木に移った。

蝶は一瞬で飛び去ってしまうものだと、わたしは思っていた。けれども彼女は急がなかった。やがて花のあるところまで短距離を飛び、また休憩した。ずっとそのまま動く気配がなかったので、わたしたちの方が彼女を置いて立ち去った。たっぷりの蜜があるかぎり、あわてて飛び去る理由はないようだ。

レインダンス農場を満喫している蝶はオオカバマダラだけではない。ホールジー夫妻が所有する谷底の敷地は、南北戦争後の開拓時代には「ゴスペル湿地」と呼ばれた。やがて排水されて貧相な耕作地となり、好みにうるさい小麦は無理でも、強健なライ麦などは育つようになった。この土地を買ったホールジー夫妻は、低地に再び水を引いた。政府のプログラムを利用して重機を借り、約二ヘクタールの浅い池をいくつも造成して、約二七ヘクタールの湿地を復活させた。

「結果は劇的でした。最初は何もない土地だったんです」と、ローリー・ホールジーはわたしに言った。「でも自然の埋土種子が目覚め、植物が育ちはじめました。数年後には鬱蒼とした緑にあふれるようになりました。春には（キク科の）ドッグウィードが葉を茂らせ、野バラが咲き乱れます」

再び命を吹き込まれた湿地は、ヒメシジミの仲間のフェンダーズブルー *Icaricia icarioides fenderi* などの蝶を呼び寄せた。ウィラメットバレーの固有亜種であるこの小さな蝶の生き様は、オオカバマダラとはまるで対極だ。オスはきらきら輝く青で、メスは当たり障りのない茶色の保護色をしている。たいていの人はこの小さな青い蝶の存在に気づかないが、かれらもまた、驚くほど緻密な生命の連鎖の一部であり、この連鎖はわたしたち哺乳類の生存基盤をなしている。

フェンダーズブルーは引きこもりだ。[2] オオカバマダラが生涯のうちに数千キロの旅をするのに対し、この小さな蝶が遠出することはほとんどない。翼開長わずか二・五センチメートルほどで、飛翔能力に乏しいためだ。かれらは五月に羽化し、必ずといっていいほどキンケイドルピナスに産卵する。希少で気難しい野草の一種だ。幼虫はルピナスの新芽だけを食べ、ルピナスが枯れはじめる七月になると、落葉層に潜って休眠する。かれらはそのまま九〜一〇カ月を過ごし、晩夏から初秋にかけての暑さと乾燥も、冬の寒さも耐え忍ぶ。再び春になり、ルピナスが育ちはじめると、幼虫はさらに食べ、蛹化し、羽化し、飛び立ち、交尾する。こうしてまた生命の環がまわっていく。

フェンダーズブルーは最近のバレーの変化をうまく切り抜けられずにいる。キンケイドルピナスがなければ生きてはいけず、そのルピナスはバレーのプレーリー土壌が掘り返され、排水パイプが張りめぐらされ、ナッツの木などの作物が植えられて、居場所を失っている。いまも本来のプレーリーが残されている土地は、わずか一％程度しかない。

フェンダーズブルーは二〇世紀初頭に発見され、地域の郵便配達員で蝶マニアでもあった発見者のケネス・フェンダーにちなんで名付けられたが、わずか数年後に絶滅が宣言された。そこに自転車の後ろに捕虫網を立てた、現代の蝶マニアである一二歳の少年、ポール・スヴァーンが登場する。(3)一九八八年、彼は親友と一緒にオレゴン州の自宅近くの山の斜面を上っていた。このあたりには何がいるだろう？　スヴァーンはこの時すでに経験豊富な鱗翅目研究者で、その熱中ぶりはウォルター・ロスチャイルドに匹敵した。この歳で北米大陸に分布する蝶の全種名はもちろん、識別のポイントになる翅の色や生活史まで知り尽くしていた。普段から鱗翅目に関する学術誌を読み、オレゴン州に分布する蝶をすべてコレクションに収めていた。

そう思っていたのだが……

山頂へと続く古い林道を走っているうちに、二人は草地に出た。そこでスヴァーンは、驚いたことに、それまで見たことのない蝶に出会った。彼は捕虫網を取り出し、何匹かを持ち帰って標本にした。古い蝶の図鑑で確認し、彼はこの蝶がフェンダーズブルーだと突き止めた。図鑑には絶滅種とは書かれていなかった。彼は発見をどこにも報告しなかった。

一年後、一三歳になったスヴァーンに、誰かが鱗翅目研究の学会に参加するよう促した。彼の胸は高鳴った。自分と同じ強迫観念をもつ人がいるなんて、考えたこともなかったのだ。

彼は学会に出席した。そこでフェンダーズブルーの標本を見て、捕まえたことがあると話した。「ありえない」。誰もが口々に言った。「この種は絶滅したんだ。何かの間違いだよ」

誰も彼を信じなかった。そこで彼は家に帰ると、翌日標本を持って会場に戻った。こうして彼の言葉が正しかったことが証明された。大捜索が始まり、次の夏、研究者たちは残存個体群を発見した。フェンダーズブルーは絶滅危惧種に指定された。

数十年が経ったいま、フェンダーズブルーは健在で、ホールジー夫妻の敷地内で平和に暮らしているほか、ウィラメットバレー全域にいくつもの生息地が確認されている。一九九〇年代なかばには、フェンダーズブルーの個体数は約一五〇〇頭と考えられていた。現在ではおよそ二万八〇〇〇頭が生きていて、個体数は年々増えつづけている。

一見地味なこの小さな蝶（フェンダーズブルーを含むヒメシジミ類は総称として「スモールブルー」と呼ばれる）は、「絶滅種」にカテゴライズされたところから見事に復活をとげた。この二五年にわたる叙事詩は、現代のわたしたちが蝶について、チャールズ・ダーウィンやウォルター・ロスチャイルド、ハーマン・ストレッカーやミリアム・ロスチャイルドよりも、はるかに多くを知っている証左だ。いまあげたのは、いずれも蝶と生命世界の複雑なつながりにのめり込んだ人物だ。かれらなら、ただ手付かずの土地を確保するだけでは蝶を守れないと、すぐに気づいたことだろう。

蝶の保護を成功に導くには、生活史全体を熟知していなければならない。何を食べるかだけでなく、どこで活動し、ほかのどんな生物と共生するのか。こうした事実を解き明かすのには時間と労力を要する。

はるか昔、ある別の蝶の保護のため、自然保護団体ネイチャー・コンサーバンシー(4)がワシントン州のヤキマ川沿いの湿地を購入した。かれらは牛が草を食べてしまわないよう、この土地をフェンスで囲んだ。こうして蝶は救われた。ミッションコンプリート。みながそう思った。この蝶がある一種のスミレに依存していることも、そしてそのスミレは放牧のおかげで草丈が短く保たれている場所でしか生きられないことも、当時は誰ひとり知らなかった。牛が排除されると、侵略性の強いイネ科の草、灌木、高木が席巻した。スミレは育たず、蝶は姿を消した。

この教訓から、フェンダーズブルーの保護にあたっては、基本的な生態を知る必要があると研究チームは理解していた。先にあげたようなシステム全体が手付かずで保たれて初めて、フェンダーズブルーは数を増やせる。もちろんこの種にはルピナスが必要だ。だがそれに加え、ルピナスには火が必要だ。かつてのプレーリーでは、乾燥する夏の間の落雷による火災はありふれた現象だった。

先住民たちはウィラメットバレーにたびたび火を放ち、狩猟に適したひらけた土地を維持した。

蝶にはアリも必要だった。すべての種の蝶のうち、およそ四分の一はアリと特別な関係を築く。アリと絶対的な共生関係にある種もいれば、単に特定の種のアリが近くにいて助けてもらえた方がうまくやっていけるという種もいる。

フェンダーズブルーの幼虫は、特別な器官からアリが好む甘い液体を分泌する。アリは一度イモムシを見つけると、お菓子屋さんに集まる子どものようになる。幼虫に近づくほかのアリやカリバチなどの捕食者を追い払いさえすれば、かれらは好きなだけキャンディーをもらえる。アリはまさにその通りにふるまい、幼虫は恩恵を受ける。

アリはボディガードだ。かれらは幼虫を、害をなすおそれのあるほかの昆虫から守り、お菓子屋さんの営業を維持する。フェンダーズブルーはこうしたアリに守ってもらわずとも生きていけるが、アリが悪者たちを遠ざけてくれれば、生存率ははるかに高くなる。

つまり、フェンダーズブルーにはただ土地さえあればいいわけではなく、適切な種のルピナスが生育する土地が必要だ。また土地は周期的に火災に見舞われなければならない。必須条件の長いリストを見て、専門家たちは大量の土地購入が必要になると頭を抱えた。ウィラメットバレーの農場の地価を考えれば現実的ではない。そんなとき、新米研究者のシェリル・シュルツがやってきた。彼女は特定の種の個体数増加だけでなく、野生生物保護のアプローチそのものに進展をもたらすような、新しいプロジェクトを探していた。

シュルツと共同研究者のエリザベス・クローンは、一種の蝶を救うには村全体の力が必要なのだと悟った。彼女たちはデータを分析し、フェンダーズブルーに広大な土地は必要なく、数キロメートル間隔で小さな生息地がぽつぽつとあれば事足りると明らかにした。蝶たちは点在する避難所を飛び石として利用する。(5) あちこちに数エーカーずつ好適生息地があれば、飛翔能力の弱いこの蝶でも分布を拡大できるのだ。こうして、いくつかの公有地で個体数が増加し(モリーとアメリアとわたしはそのうちいくつかを訪れた)、私有地の地主たちも蝶に配慮した農業を積極的におこなった。いまでは地元のワイン醸造家が「フェンダーズブルー・レッド」と名付けたワインを販売するほどだ。

そんなわけで、一種の蝶を救うには、五歳の女の子とその両親から、気にかけてくれる地主、ボランティアの研究協力者、商機にさといワイン醸造家、骨折り仕事をする研究者と、さまざまな人々が力を合わせる必要があった。このような蝶の保護戦略は、一九七九年に英国とヨーロッパで確立された。かの地の研究者たちは、また別の絶滅に瀕したヒメシジミ類の保護に尽力していた。フェンダーズブルーのいとこにあたる種だ。

「ラージブルー」の愛称で知られるこの種 *Phengaris arion* は、幼虫が共食いするという特殊な食性をもち、生活史は謎に満ちていた(6)(「ラージ」といっても相対的なものだ。フェンダーズブルーの翼開長は二・五センチメートルほどだが、この種は三・八〜五センチメートルになる)。

かつては北ヨーロッパからアジアにかけて広く分布したが、ラージブルーは英国では常にまれな種で、それゆえ珍重された。『タイムズ』紙で長々と議論の的にもなったほどだ。

ラージブルーは飼育が不可能だった。理由は誰にもわからなかった。

蝶コレクターにとって、ラージブルーは抗いがたい魅力をもっていた。オスもメスもロイヤルブルーに輝く翅をもち、目もくらむほど鮮烈な、ネオンサインのようなきらめきを放った。翅の端には細い黒の縁取りがある。喪章のようだと言いたいところだが、その先にさらに細く優美な純白の縁取りがあしらわれている。前翅には暗色の斑点がいくつか弧状に配置され、これを「涙の滴《ティアドロップ》」と呼ぶ人もいる。斑点の内側には半月型の模様がある。

想像してみてほしい。暗く陰鬱な北ヨーロッパの冬が過ぎ、ヴィクトリア時代の人々が田舎で気ままにピクニックを楽しんでいる。ブランケットを広げ、ごちそうやワインやビールがどっさり並んでいる。まぶしい陽射しは暑いくらいだ。人々は優雅に体を伸ばし、緑を満喫する。娯楽として捕虫網もいくつか用意されている。ラージブルーが飛翔し活動するわずか一週間あまりの期間は、昼間がもっとも長い日である夏至とともに到来する。

しかし、一九二〇年代までに英国でラージブルーはほとんど見られなくなった。コレクターは責任を問われたが、のちに濡れ衣だったとわかる。解決策は、蝶が活動する場所をフェンスで囲い、ヒトや家畜のウシやウマの進入を禁止することだと考えられた。蝶にスペースを譲ろう。これでうまくいくはずだ。計画は万全に思えた。

だが、実際は違った。状況は悪化し、一九七九年、この蝶の英国での絶滅が宣言された。北ヨーロッパのほかの地域でも個体数は減少した。だが奇妙なことに、伝統的な放牧の習慣が残る地域では生きつづけていた。

研究者たちは原因を探りはじめた。フェンダーズブルーの生活様式の複雑さを解明するのも容易ではなかったが、ラージブルーの研究はそれに輪をかけて、緻密に入り組んだ関係性の迷宮を進むようなものだった。一種の蝶と一種の植物だけでなく、システム全体が関わっていたのだ。

パズルのピースがすべて揃い、全体像が見えてくるまでには三五年の年月を要した。(7) ラージブルーはおそろしく選り好みが激しい。著名な英国の蝶愛好家マシュー・オーツに言わせれば「神経症の貴族(8)」だ。ラージブルーの幼虫は初夏に卵から孵り、野生のタイムの頭状花を食い進んで、高カロリーな種子をむさぼる。かれらはまた命がけで戦う。二匹の幼虫が出会うと、どちらも情け容赦ない姿勢で臨み、勝者は敗者を食べてしまう。

頭状花を食べるのはある段階までで、そのあとは植物から離れる。路肩に立つヒッチハイカーのように、かれらは地上で待つ。

そこへクシケアリの一種がやってくる。ふつうなら若いイモムシなど格好の獲物なのだが、アリたちはラージブルーに対しては一斉にひれ伏す。そして幼虫をかつぎあげ、傷ついた英雄であるかのように巣へと運んでいく。

巣に入り込むと、幼虫はさまざまな手段を駆使して、本性を隠し、アリの一員であるかのようにふるまう。禅の心を会得しているかのようだ。

面白いのはここからだ。養育係のアリは、ラージブルーの幼虫を女王としてもてなす。侵入者の方も女王としてふるまい、長い冬眠に入る。そして目覚めると、アリの幼虫を食べはじめる。もはや禅とはいえない。

九カ月後、たらふく食べて存分に甘やかされた幼虫は、アリの巣のなかで蛹になり、羽化して蝶となって出てくる。兵隊アリたちが王族のパレードのように巣を離れる成虫を護衛し、旅立ちを見送る。

幼虫はどのアリの巣でも生きられるわけではない。なぜなのか？　生物学者のジェレミー・トーマス(9)は、ラージブルーが豊富に生息する地域に棲むクシケアリを調べあげた。そこにはじつは五種の異なるクシケアリが分布していた。素人目にはどれもそっくりだ。

けれどもラージブルーの幼虫は、たった一種のアリに特化した生活様式をもつ。その種の巣に運び込まれれば安泰だ。けれども別の種の巣に入ってしまえば、生きては出られない。

なぜこの一種のアリだけが、ラージブルーの幼虫を英雄のようにもてはやすのだろう？　研究者たちは二つの理由を明らかにした。第一に、じつに奇抜なのだが、幼虫はこの種のアリが同種個体を識別するのに使っている化合物に似せた物質を体から滲出させる。アリはこの化合物を検知すると、相手を同種であると認識する。そのため、化合物を出すラージブルーの幼虫に出会うと、かれらは傷ついた仲間として扱う。

第二に、さらに奇想天外なことに、幼虫はアリの音まで模倣する。この音はまさに、アリにとってのセイレーンの歌声だ。幼虫はただ受け身の姿勢でバス停で待っているわけではない。交通手段を呼んでいるのだ。

一部の研究者は、幼虫がアリたちから厚遇されるのは、この音が女王アリが出す音に似ているからだと考えている。巣にすでに本物の女王がいる場合、これはあまりうまい手とはいえない。けれども女王が不在なら、アリたちはラージブルーの幼虫を女王として受け入れるだろうというのが、かれらの考えだ。

幼虫がアリに仕掛けるトリックは真剣勝負だ。アリのふりがうまくいけば、将来は約束されている。だがもし詐欺が発覚すれば、幼虫は食べられてしまう。そんな末路は決して珍しくない。もっとも擬態のうまい個体だけが生き残る。この話をもしダーウィンが知ったら、きっと気に入っただろう。

生活環がわかったら、次のステップは現在何が欠けているかを明らかにすることだ。研究者たちは、知らないうちに蝶の協力者にされているアリに注目した。このアリは気難しく、何もかもがちょうどいいところを好むとわかった。暑すぎても寒すぎてもだめなのだ。適切な気温でないかぎり、さほど条件にうるさくない別種のアリが代わって繁栄することになる。さらに雨が多すぎても、少なすぎてもうまくやっていけない。

もうひとつの問題はタイムの生育条件で、この草もまた独自のサポートシステムを必要とする。重要なのは、周囲の草の群集の種構成だ。郊外の芝生など論外で、さまざまな種からなる植生が欠かせない。

とはいえ、草丈が高すぎてもだめ。そこでウサギが関わってくる。ウサギは草を刈り取り、蝶にとってちょうどいい高さにしてくれる。だが、粘液腫というウイルス性疾患により、地域のウサギはほとんど死に絶えてしまった。

こうして草は伸び放題になり、タイムは消え、アリは任務遂行に失敗し、英国のラージブルーは絶滅した。

研究者たちは行き詰まった。ウサギはいなくなり、復活を願う声はわずかだ。どうしたらいいだろう？　かれらは、必要なのはウサギそのものではないと気づいた。重要なのは草を刈り取ることだ。ウシやウマを放牧したらどうだろう？　ウサギよりも一口でたくさんの草を食べてくれるし、管理もはるかに容易だ。なにしろかれらは、ウサギのようには繁殖しないのだから。

実験により、この方法による草丈の管理の効果が示されたが、これもまた一筋縄ではいかなかった。放牧にも管理が必要で、ただウシやウマを何カ月も放牧地にほったらかしておくわけにはいかない。きっちり正確なタイミングで家畜を放牧地に入れ、また引き離さなくてはならない。トランプカードで建てた家のような、紙一重のシステムだ。

ラージブルーのある系統（亜種と考える人もいる）が英国の外の生息地で採集され、国内に再導入された。ついに関係性の撚り糸のすべてが解きほぐされ、今度こそ保全努力が実を結んだ。

この蝶が英国人の心にどれだけ影響力をもっているかを説明するため、オーツはこんな逸話を紹介する。ラージブルーの生息地のひとつ、カラード・ヒルがとうとう一般開放されたとき、両脚に人工股関節置換手術を受けた一人の高齢者がやってきた。蝶がいるのは急峻な斜面だ。彼は蝶を見るため、険しい山道を下り、また登った。彼は諦めなかった。彼はナチスドイツとの戦闘に五〇回も出撃した元空軍パイロットで、不屈の精神は衰えていなかった。斜面を下りきって蝶の生息地に着くと、「ラージブルーが彼のすぐ隣に止まって日光浴をした。(10) その瞬間、英国の蝶全種を見るという、彼の生涯の夢が叶ったのだった」

現在、ラージブルーは比較的安泰のようだが、保全従事者たちが監視を緩めることはない。人為的要素はいまでも問題だ。つい最近も、大量のラージブルーの標本を所有していた密猟者が逮捕された。アンダーグラウンドの国際的鱗翅目市場で売りさばいて大儲けする算段だったという。保全に協力する市民からの通報を受け、警察が自宅を捜索し、犯人はその場で逮捕された。

裁判で、NPO「バタフライ・コンサベーション」のプロジェクト責任者であるニール・ハルムは、二一世紀において蝶泥棒はかつてほど横行してはいないものの、「手を染める人々は強い意思をもってそうしている」と述べた。蝶依存症はいまなおヒトの脳にはびこっているのだ。

ラージブルーは英国でもっとも成功した保全プロジェクトだと言う人もいる。そうかもしれない。かれらによれば、蝶が一度絶滅した場所に再導入されうまく定着したのは、世界で初めてのことだという。ぎりぎりのところで介入が間に合ったおかげかもしれない。

デリケートな同じ仲間の他種の蝶は、すでに姿を消してしまった。もっともよく知られた例はザーシーズブルー *Glaucopsyche xerces* だ。一八五二年に記載され、一九四〇年代を最後に目撃例が途絶えた。サンフランシスコの太平洋沿岸の砂丘が唯一の生息地だった。この種が必要とする植物は、郊外の家と中心市街地の職場を行き来する人々の車のせいで消滅した。当時の新興住宅地のサンセット地区は、皮肉にも数十年後、アメリアの蝶が軒先を飾る花を求めて現れる場所でもある。

これと同じことは、カーナーブルー *Plebejus melissa samuelis* と呼ばれるヒメシジミ類に起きてもおかしくなかった。だがこの種に対しては、ニューヨーク州の州都オルバニーの近くでのすばらしい保護の取り組みが功を奏す。

第11章　神秘と驚異の感覚

時が経つのを忘れるほどの至福に浸れるのは……希少な蝶たちとその食草のなかに立っているときだ。それはエクスタシーであり、奥底には何か別の、名状しがたいものがある。

——ウラジーミル・ナボコフ『記憶よ、語れ』(1)

話は一世紀前、ロシアの片田舎ではじまる。著名作家にしてアマチュア鱗翅目研究者、ウラジーミル・ナボコフは一八九九年、ヴィクトリア時代が幕を閉じる直前に生まれた。彼の蝶に対する畏敬の念は、おそらくウォルター・ロスチャイルドをも上回った。情熱は幼少期から培われた。本物の貴族だった父にならい、たくさんの蝶の種の見分け方を学びはじめた彼は、一〇歳で国際学術誌を読むようになった。

彼はまた、新種の蝶を発見し名付けるという、生涯の目標をたてた。この頃、彼は学術誌に「新種」を発見したと報告する短報を送ったが、ただの小学生の戯言だと一蹴された。残念ながら、この種はすでに記載されていた。

ナボコフは家族が経営する農場に棲む蝶を愛した。農奴たちは彼のために蝶を捕まえてきた。ミリアム・ロスチャイルドの父チャールズはかつて、車窓から見た目当ての蝶を使用人に捕まえさせるために列車を止めたが、ナボコフも七歳の頃から、蝶を見つけては使用人に捕まえさせた。当時の彼は朝起きてまっさきに、今日はどんな蝶を見られるだろうと考えた。子どもの頃に見つけたある蝶について、「この蝶に対するわたしの欲求は、それまで経験したことがないほど強烈だった」[2]と、彼は書いている。

渇望は遺伝したのだと、彼は傑出した自伝『記憶よ、語れ』で述べている。「森のなかに、濁った小川に橋がかかる場所があった[3]。そこで父は敬虔な信徒のように立ち止まり、一八八三年八月一七日にドイツ人の家庭教師が捕まえてくれた、珍しい蝶のことを回想した」。この偉業をなしとげた場所は農場の地図にも書き込まれた。父の情熱は息子に受け継がれ、熱中できるものを共有する二人は固い絆で結ばれた。父が皇帝に対する反逆の罪で投獄されたときも、二人は文通のなかで蝶について議論した。ウラジーミルは父からの手紙で、彼が刑務所の庭で見た蝶について知るのだった。

革命が勃発すると、貴族である彼の一家は国を逃れ、無一文でドイツにたどり着いた。ヒトラーが権力を奪取すると、ナボコフはボストンに行き着き、ウェルズリー大学で教鞭をとった。そのあと、彼はコーネル大学でロシア文学を教えた。問題作『ロリータ』で大成功を収めると、ナボコフは世界一有名な鱗翅目研究者となった。ジャーナリストたちは彼の蝶への傾倒をこぞって取り上げ、たいていは秘密主義で芸術家肌な気質の表れと解釈した。雑誌には捕虫網を持った彼の写真がたびたび掲載された。

ウェルズリー大学に在籍中、ナボコフはハーバード比較動物学博物館にも役職を得て、たびたび出入りしていた。ヒメシジミ類の隠れた多様性に魅了された彼は、研究に没頭し、標本を慎重に解剖して生殖器を調べた（わいせつな意図があったわけではない。鱗翅目の研究者は雌雄の判別など、さまざまな目的で生殖器を調べるものなのだ）。

彼が鱗翅目の虜になった理由のひとつは、彼自身と色との特別な関係にあった。ナボコフにとって色はどこにでも存在するものだった。アルファベットの文字のそれぞれに異なる色がついて見えた。「緑グループのなかには[4]、ハンノキの葉のf、熟す前のりんごのp、ピスタチオのtがある。wはわたしに言わせれば、くすんだ緑で、ややすみれ色を帯びる」。彼の共感覚は母親譲りだった。それなら、夏の陽射しの下で翅をきらめかせながら羽ばたく蝶を見て、ナボコフが神秘と驚異の感覚を呼び起こされたのは無理もない。蝶の言葉は、彼が生まれつき流暢に話せる言葉と同じだったのだから。

ナボコフはヒメシジミ類の高度に特殊化した生活様式に夢中になった。米国北東部に住んでいた彼は、とりわけ一種のヒメシジミ類に興味を抱いたが、いつも場所や時期が悪く実物を見られずにいた。しかしある夏、コーネルとボストンの間で、彼はルピナスが咲き乱れる野原を見つけた。そこには長年の憧れだった例の蝶が豊富に生息していた。

この蝶は未記載亜種である、とナボコフは判断した。発見場所であるニューヨーク州の小さな駅の名にちなみ、彼はこの蝶をカーナーブルーと名付けた。それ以来、この亜種の正式な学名*Plebejus melissa samuelis*の最後には、記載者として「ナボコフ」の文字が添えられることになった。彼は生涯の目標を達成し、「とある昆虫の名付け親」[5]を自称した。

カーナーブルーはかつて普通種だった。驚いて飛び立ったカーナーブルーの「青い雲」ができたという観察記録もあるほどだ。けれどもナボコフが記載した一九四〇年代には、すでに個体数は減少していた。一九七〇年代には、もはや雲をつくれるほどには存在しなかった。懸念の声はあったものの、ニューヨークでの保護の取り組みに進歩はなかった。だが、ある不動産開発業者が生息地にショッピングモールの建設を提案したとき、蝶の守り手たちがついに声をあげた。

壮大な戦いが幕を開けた。最終的に、すべての当事者が妥協に行き着いた。ショッピングモールは建設されたが、数百エーカーの土地が開発を逃れ、生息地回復にあてられた。裁判所の判決は、カーナーブルーを名指しせず、この蝶が安住できる生態系全体の復元を命じるものだった。

こうして復活をとげた生態系が、いまや息を呑む壮観になっていると聞き、わたしは歩いてみることにした。

オルバニー・パインブッシュ保護区[6]に車を止めたとたん、トウワタの上のオオカバマダラがわたしを出迎えてくれた。晩夏の太陽を浴び、きらきらと光沢を放っていた。ビジターセンターは銀行の建物を改造したものだ。駐車場はかつては何もないだだっ広い舗装地だったが、ここも生まれ変わった。以前は舗装されていた場所に、いまではカーナーブルーの命綱であるルピナスが生い茂る。花壇にはたくさんのトウワタを含む在来植物が植えられ、多くの鳥や昆虫、小型哺乳類を集めている。どの植物も単体では、郊外で「雑草」と呼ばれるものばかりだが、ほかの在来種と一緒になって、彩り豊かな美しい植生をつくりだし、この国の多くの風景から消えて久しい、生命の活力とにぎわいを支えている。

「今日はオルバニー・パインブッシュにとってすばらしい日です」。保護区の保全責任者であるニール・ギフォードは、わたしと握手しながら話した。「ここでは生態系が最優先です」

わたしが訪れたちょうどその日、ギフォードたちはひとつの勝利宣言をした。ここに棲むカーナーブルーの個体数は、二〇〇七年には五〇〇頭程度という危機的状況だったが、二〇一六年には約一万五〇〇〇頭にまで回復したのだ。この年が突出して多かったわけではない。ここ数年、個体数は一貫して健全な水準を保っている。

ギフォードと座って話をする前に、わたしは何時間か保護区を歩いて回った。ここには砂利道と遊歩道が何キロメートルも伸びている。複数の自治体が共同管理するこの保護区の広さは、設立当初は一平方キロメートルにも満たなかった。いまでは約一三平方キロメートルに拡大し、ギフォードは二〇平方キロメートルを目指している。

歩いていると、カーブを曲がるたび、丘の上に立つたび、新たな景色と音に心を奪われた。浅い池ではカエルが大合唱していて、アフリカで見た光景を思い出した。鳥たちはいたるところにいた。蝶は空に満ちていた。保護区では二〇種以上の希少種の蝶が観察されている。加えて九〇種以上の鳥類、魚類、数種のカメ、たくさんのヘビ、少なくとも一一種の樹木、スイカズラ、ワラビ、スゲなどが繁栄を謳歌する。野草の種多様性は非常に高く、冬の間を除けば、いつでも何かしらの花が見られる。ギフォードはのちに、少なくとも七六種の保全措置が必要とされる野草が、この保護区では安泰だと教えてくれた。

ここは多くの人々の憩いの場でもある。野生生物だけのための土地ではないのだ。わたしが歩いた砂利道や遊歩道は、あらゆる娯楽のために開放されている。ウォーキングはもちろん、サイクリングや乗馬、クロスカントリースキー、時には狩猟さえ許可されているのだ。

こうしたすべてが詰まった場所が、全米屈指の交通量で知られる、州間高速道路九〇号線沿いにあるのだから驚きだ。大型トラックの轟音、クラクションやサイレン、渋滞の車列の通行音は絶え間なく聞こえた。それでも、自然の活力に満ちた地を歩いている感覚に変わりはなかった。

オルバニー保護区の豊かさの秘密は火だ。かつてこの一帯では、数千年にわたり、落雷によって自然に生じる火災が頻繁に起きていた。パレオインディアン〔訳注：現代のインディアン（ネイティブアメリカン）の祖先にあたる、旧石器時代の北米先住民〕は一万年前にここで狩猟採集生活を送った。花粉の分析結果から、ヨーロッパ人の上陸以前に人々が野焼きをおこなっていたことがわかっている。パレオインディアンはおそらく、最終氷期の終わりにはすでに、積極的に土地管理をおこなっていた。

ギフォードはこう説明する。「ここの生物は完全に火に依存しています。頻繁な火災に対処できるように適応しているだけでなく、多くの場合、火を必要としているのです」

リギダマツやバンクスマツの松かさは固く閉ざされていて、火で樹脂が溶けてはじめて種子を放出する。また火災は灰で土壌を整え、種子に栄養を供給する。

「ほとんどの人はカーナーブルーがここまで回復するとは予想していませんでした」と、彼は言う。

このプロジェクトは彼の子ども同然だ。彼はキャリアのすべてをこの保護区の管理に捧げてきた。自身の農場の生産性向上に生涯を捧げる農家のように。

「両生類とヘビも、わたしたちの管理が功を奏し、爆発的に増加しました。大きな美しい花を咲かせるトリアシスミレも、いまでは自生しています。この植物がここに分布するとは思いませんでした。土の中の埋土種子が時を待っていたのでしょう。野焼きをはじめて以来、この小さなスミレへの効果には驚いていますし、この花はイダリアギンボシの暮らしを支えています」。イダリアギンボシ *Speyeria idalia* はオレンジ色の翅をもつ、やや珍しいヒョウモンチョウの一種だ。

ニュージャージーティーと呼ばれる植物もここでは健在だ。独立戦争の際に紅茶代わりに飲まれていたことからこの名がついた。この草も種子を地面にばらまくのだが、「火災のあとにしか種子は発芽しません」と、ギフォードは言う。ニュージャージーティーは砂質土壌を好み、草丈は六〇センチメートルほどにしかならないが、豊かに密集した花を咲かせ、さまざまな鳥や昆虫を呼び寄せる。そこにはもちろん蝶も含まれる。

火が、そして火だけが植物群集を回復させると研究者たちが気づくまでには長い時間を要した。保護区になってからも、一〇年以上にわたって火は使われていなかった。その間、カーナーブルーは増えなかった。住宅地に囲まれた土地で野焼きを管理に取り入れるのは困難だった。

一三平方キロメートルの保護区は、都市公園としては広大だが、土地はひと続きではなく、大小さまざまな複数の区画に分割されている。間には住宅街、商業地区、交通量の多いハイウェイがある。ギフォードたちは、人々の生活を阻害せずに、こうして細分化された土地に火を入れる方法を見つけ出さなくてはならなかった。

管理目的の野焼きは定期的に実施しなければならない。「比較的頻繁ですが、規模は大きくありません。意図的な野焼きの手法を改良し、このような断片化した都市景観に適用したのは、わたしたちが初めてです。エッジ［訳注：保護区の境界線に沿った部分］が広く、開発地区が多いため、火種の置き場がありません。余裕は皆無です。道端や誰かの私有地に火種を放置することはできないので、柔軟にとはいかないのです」

このため、意図的な野焼きを一度に二〇ヘクタール以上にわたって実施することは禁止された。「手に負えないほど広がらないよう、慎重を期す必要があります。日没前には消火しなくてはいけません」

野焼きの費用はどこから出ているのか、わたしは彼に尋ねた。彼はある方向を指差した。

「あそこです。マウント・トラッシュモア」〔訳注：岩肌にある四人の大統領の顔の彫刻で知られるラシュモア山と、ゴミ（trash）をかけている〕

彼の指差す方向には、確かにゴミの山があった。これほど質の高い保護区のすぐ隣にだ。ひとりで歩いているときから存在には気づいていたが、それが何なのかはわからなかった。

じつはオルバニー市は昔から、ほかの自治体で出たゴミを引き受け、代わりに処理費用を請求していた。先の裁判所命令で、この費用の一部を保護区に回すことが義務づけられたのだ。

オルバニー・パインブッシュ保護区の基礎をなす砂丘は、更新世の氷河期からわたしたちへの贈り物だと、地元の地質学者ロバート・タイタスは言う。「贈り物、というのは人間中心の見方だが……この地域でヒトが価値を置くものの多くが、氷河期の影響を受けて形成された。美しいキャッツキル山地の景観、芸術、文学も、みなこの時代に起源をもつ」。更新世末に氷床が溶けはじめると、氷河の下に湖ができた。オルバニー氷河湖ははるか南へ、ニューヨークシティのすぐ北にある現在のビーコンの町のあたりまで広がっていた。

湖には数多くの川が流れ込んだ。そのひとつが古代のモホーク川で、いまでは影も形もないが、かつてその河口にはデルタがあった。大氷床融解のあと、湖は縮小し、デルタには凍りつくような旋風が吹き荒れた。この風が砂や軽い粒子を巻き上げて東へ運び、サハラ砂漠のような移動する砂丘ができた。
「想像を絶する話だ」[7]と、タイタスは著書『氷河期のハドソンバレー（The Hudson Valley in the Ice Age）』に書いている。「かなり長い間、オルバニーの一部地域は寒冷気候の砂漠だった。樹木の生えない巨大な砂丘が、風に吹かれて郊外を移動していた。何頭かラクダを並べてみれば、オルバニーの印象はがらりと変わるはずだ」。もちろん、知られているかぎり当時この地域にラクダはいなかったが、北米大陸のほかの地域には豊富に生息していた。

ここでは頻繁に火災が発生した。一部は落雷によるものだが、先住民たちはウィラメットバレーでもそうしたように、野焼きによって土地をひらけた状態に保ち、狩猟をしやすくした。火を放つことで森林の進出を妨げたのだ。やがてヨーロッパ式の土地所有制度が浸透すると、ウィラメットバレーと同様、ここでも火入れが禁じられた。

オルバニーの砂丘はいまや限られた保護区を除いてほとんどが失われたが、ヒメシジミ類の蝶もまた、氷河期からわたしたちへの贈り物だ。初めてこう主張したのは、誰あろうウラジーミル・ナボコフだった。一九四五年に刊行された論文で、ナボコフは蝶が西から東へ、北半球の卓越風に乗って拡散したという仮説を提唱した。拡散の波は五回あり、約一一〇〇万年前に始まって、最後は約一〇〇万年前だった。彼が提唱したパターンは、のちに地球規模の気候変動パターンに一致すると判明した。

二〇一一年、DNAの解析により、一〇人の研究者からなる国際チームがナボコフの考えを裏付けた。[8] 地殻変動と気候変動が拡散を促し、蝶たちは進出した先々で手に入る資源に適応したのだ。

ヒメシジミ類は地元に密着したユニークな孤立生活を送っていて、高度に特殊化した生態系の複雑なつながりに依存している。それを理解してはじめて、ヒメシジミ類を守ることができる。わたしたちにかれらの存在を気にかけ、スペースを譲って資金を投じる用意があるならの話だ。だが、オオカバマダラのような種の場合はどうすればいいのだろう？ 数千キロメートルの距離を移動し、カナダの草原からメキシコの高山までのすべての地域に、健全な生息地を必要とするとしたら？

第3部　未来

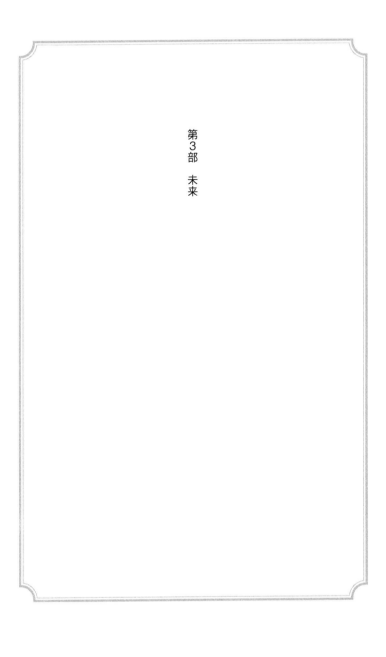

第12章　蝶の社会性

明日は雨かもしれない、だから僕は太陽を追いかける
――ザ・ビートルズ

キングストン・レオンは落ち込んでいた。

二〇一七年の感謝祭の数日前、わたしたちがカリフォルニア中部沿岸のオオカバマダラの越冬地で初めて出会ってから、およそ八カ月後のことだ。ずっと昔にみずからが植えた木立を、レオンは憂鬱そうに眺めた。わたしたちは再びモロ・ベイのゴルフコースに来ていた。昨年は一万七〇〇〇頭のオオカバマダラが飛来したが、一昨年の二万四〇〇〇頭から減っていた。

再び個体数調査の時期がやってきた。今度は増えているはずだと、期待は高かった。太平洋岸北西部の火災はここまでは到達しなかったし、沿岸部が寒波や熱波に見舞われることもなかった。前年の冬の雨のおかげで野花は見事に一面に咲き乱れ、必要不可欠なトウワタも豊富だ。たくさんの蝶が来ているはずだと、彼は思っていた。

だが予想は外れた。

わたしたちは例年なら蝶が大集団をつくっている場所をすべて見て回った。前年の冬には数百個体に分厚く覆われていた枝に、いまはほんの数匹の姿しかない。「あそこです、ほら、枯葉のついた枝みたいに見えるところ」。そう彼は言ったが、近づいてよく見ると、本物の枯葉のついた枝だった。

やがて陽射しのなかでダンスが始まった。多くの個体が集団から離れ、翅を広げて舞い上がり、太陽のぬくもりを取り入れている。まだ早朝で、ふつうなら寒さをしのぐために密集している時間だ。

だが、今日は最悪の条件だった。絵に描いたような完璧なカリフォルニア日和。快晴、気温二五℃前後、無風。カリフォルニア州民全員が季節外れの好天を祝ってパーティーをしていそうだ。オオカバマダラの個体数調査員たちを除けば。

蝶たちはいつものスケジュールを放り出し、寒々しい冬の空の下で寄り集まる代わりに、そこらじゅうで舞い遊んでいた。先に何匹かが休む小枝に、新たに個体が加わったかと思うと、全員が一斉に目覚めて飛び立つ。たくさんのオオカバマダラが、木立の下の地面を絨毯のようにびっしり覆う、多肉植物アイスプラントの紫と白の花にとまって栄養補給をしていた。一一月でしかも早い時間だというのに、蝶たちはまるで夏のような大騒ぎだ。

蝶は小さなソーラーパネルで、太陽からエネルギーを得る。こんな日には、もはや飛ばずにいられない。見ている分には美しいが、蝶自身にとっては破滅的だ。飛翔は大量のエネルギーを消費する。沿岸へ渡ってくる前に、かれらは冬を乗り切れるだけの脂肪を蓄えるため、できるかぎり多くの花蜜を食べてきた。渡りの専門家であるヒュー・ディングルによれば、オオカバマダラは体重の一二五%を脂肪として蓄えることができるが、この日のような軽率な飛翔行動はかなりの備蓄の浪費になる。この時期、補給に使えるような花はほとんど咲いていないのだ。

何かがおかしい。レオンは天気がほどよく陰鬱になっているであろう年明けに戻ってくることにした。個体数増加への希望は捨てなかったが、一月上旬の再調査の結果、見つかったのはわずか一万三〇〇〇頭だった。

過去二年間で、一万一〇〇〇頭という相当な割合のオオカバマダラが、ひとつの小さな越冬地で減少した事実は気がかりだった。わたしたちは原因の候補を探った。春には野花もトウワタも豊富で期待が高まったが、そのあとの気候はかなり暑く、雨も少なかった。美しかった春の緑は乾きって、いつでも燃え上がりそうだ。夏の火災は九月や一〇月になっても続き、南に拡大した。カリフォルニアは州の歴史上最悪レベルの山火事シーズンを経験した。

ゴルフコースの近くでは火災はゼロだったが、蝶たちが渡りの途中で栄養補給をおこなうお花畑の多くは燃えてしまったようだ。火災で直接焼け死んだ個体も多いだろう。あるいは、霧の街サンフランシスコの住民でさえマスク着用を余儀なくされるような濃い煙が、蝶たちの複雑で繊細なナビゲーションシステムを狂わせたのかもしれない。科学者の間でも意見が分かれ、結論は出ていない。

ひょっとしたら、個体数そのものは健全で、ただ誰も知らない別の場所に集まっているだけなのかも……議論していると、筋書きは無限に考えられそうに思えてくる。

その後の数日間、わたしは前の年の二月に訪れたいくつかのポイントを再訪したが、状況は同じだった。ピズモビーチではボランティア養成講座に参加し、密集するオオカバマダラの数え方を教わった。集合時間は早朝で、ひんやりした空気がたち込め、飛んでいる蝶はまばらだった。

ベテランのチームはすでに個体数推定を終えていた。一万二三八二頭。

「正直言って、少ないです」と、オオカバマダラ研究者のジェシカ・グリフィスは言う。過去のデータと比べると大幅な減少だ。今世紀初頭の個体数は数万頭のレベルだった。そのさらに一〇年前は一〇万頭を超えていた。一九九一～九二年の冬には、推定で二三万頭のオオカバマダラがここに集結した。

減少の原因は多岐にわたり、解明されていないものもある。わたしが目撃した気候のカオスは、オオカバマダラの生活環をどれだけ撹乱したのだろう？　絶え間ない火災からくる煙はどんな影響を与えたのか？　蜜をたたえた花々を焼き尽くす火災そのものは、どのくらい蝶の渡りの妨げになったのだろう？

一方、単純な原因もある。感謝祭祝日の個体数調査でピズモビーチを訪れたとき、蝶たちのお気に入りだったユーカリの木が、その年の晩春に倒れたと知った。ユーカリの寿命は一〇〇年ほどなので、倒れるのは珍しいことではないが、冬の大雨のせいで事態は悪化した。ユーカリの木のほとんどは地表から三〇センチメートルまでしか根を張らず、大雨は容易にここに浸透する。その結果、不安定になった木は隣の木に倒れかかって巻き添えにした。ドミノ倒しのような二本の木の死により、木立には大きな穴があき、風が吹き込みやすくなる微気候の変化が生じた。森は動的な空間で、何ひとつとして同じままではない。こんなとき、かつてならオオカバマダラは、ただ少し先に移動するだけで条件にぴったり合う沿岸の生息地を見つけられただろう。けれども開発が進み、代わりになる場所は減りつづけている。

養成講座に来ていた母親と一〇代の娘が、まだ知られていなかった小さな越冬地について教えてくれた。あとで現場を訪れたグリフィスと共同研究者は、確かに少数の蝶を発見したが、ここがずっと使われてきた隠れ家なのか、ピズモビーチに満足できなくなった個体が流れてきたのかはわからなかった。

そのあとわたしはデヴィッド・ジェームズと落ち合った。わたしがワシントン州まで会いに行って以来、数カ月ぶりだ。彼は妻子とともに、ボランティアがタグ付けした蝶を探して沿岸を旅していた。わたしたちは多種多様な越冬地を訪れた。大規模なもの、小規模なもの。公有地にあるものに、大多数を占める私有地内のもの。いまやサンディエゴからサンフランシスコまでのカリフォルニア沿岸一帯に点在する、大小さまざまな四〇〇を優に超える越冬地が特定されている。新たな越冬地が毎年見つかる反面、消滅する越冬地もある。

もう何十年もオオカバマダラの個体数調査に参加しているボランティアのミア・モンロー(1)は、自身の仮説を教えてくれた。かつては沿岸部全体が渡りの目的地だった、というのだ。蝶たちは条件が変化するたびある森から別の森へと気軽に移動していた。しかしやがて人々が沿岸に住み着き、長いひと続きの越冬地は開発によって分断されたと、彼女は考えていた。

「生態の理解は急速に進んでいます」と彼女は言い、自身の考え以外にもさまざまな仮説があると説明した。「わたしはオオカバマダラはひとつの森というより、地域全体に依存していると思っています」。ある森に飛来して条件が合わなければ、新しい場所を探しに行くのだろうと、彼女は言う。

「昆虫ですから、温度にはとても敏感です」。その時々で環境条件がもっとも適切な場所をめざす、というわけだ。

わたしは彼女の言葉にはっとした。つい忘れがちだが、昆虫は自分の体温を体内で安定させる術をもたない。わたしたち哺乳類は、寒いときにはさまざまな方法で体温調節をおこなう。震えたり、体の一部の血管を収縮させたり、動き回って心拍数と血流量を増やしたりして温まることができる。昆虫にそのような能力はない。

寒さを生き延びられない蝶は、ほかの戦略を獲得した。氷河期に南北アメリカ大陸に到達したヒメシジミ類は、幼虫期にアリに世話をしてもらい、寒い北の冬を暖かな地下の巣穴で過ごすという、冴えたやり方を進化させた。

ほかの蝶は渡りを選んだ。寒くなると南へ向かう種は多い。研究によると、オオカバマダラは一〇〇〇万年以上前にメキシコ北部から米国南西部にかけての地域で進化した種だ。この時代、北米大陸では氷床が一進一退を繰り返し、気候はいまと同じで予測不能だった。オオカバマダラの対処法は、毎年世代を重ねながらトウワタの成長を追って北に分布域を拡大し、季節が変わると同時に、膨大な数が一斉に南の安全地帯に避難するという、じつに理にかなったものだった。

わたしたちヒトだって、状況が許せば太陽を追いかけるではないか。

モンローとの会話がきっかけで、また疑問がわいてきた。オオカバマダラは何を指針に渡るのだろう？　一グラムの数分の一しかない昆虫に、これほど壮大な旅を促すものとは何なのか？

それにかれらは、どうやって目的地を把握しているのだろう？

ヴィクトリア時代の蝶採集熱が最高潮にあった一九世紀後半、人々は南へと渡るオオカバマダラが米国北東部で長さ数キロメートルにも及ぶ流れをつくり、陽射しを遮ったとの観察報告を残した。ウィリアム・リーチは、オオカバマダラの長距離飛翔の可能性を最初期に指摘した生物学者であるチャールズ・バレンタイン・ライリーによる一八六八年の記録を要約し、「昼間が夜のような薄暗さになった(2)」と述べている。バーンド・ハインリッチは著書『帰巣本能（The Homing Instinct）』のなかで、「数百万頭が何時間にもわたって通過する光景がボストンですら見られた」としている。一八八五年と一八九六年の同時代の観察記録によれば、オオカバマダラの数は「信じがたいほど(3)」

で、「赤い翅の蝶の巨大集団により天はほぼ真っ黒に染まった」

オオカバマダラの秋の飛翔は有名だったが、北部の人々はかれらがどこに向かっているのか知らなかった。ロッキー山脈の西側のオオカバマダラが沿岸を南下することは周知の事実だったが、東部と中央部を飛んでいく蝶たちの最終目的地が、メキシコシティから西に一時間ほどの山中の狭い地域にあるなど、誰も想像さえしなかった。当時からみれば、ばかげた考えに思えたはずだ。

ついにこの謎を解き明かしたのはカナダの生物学者フレッド・アーカート[4]だった。彼は子どもの頃からオオカバマダラを愛し、生涯をかけて解明を果たした。二〇世紀なかば、彼は史上初のオオカバマダラのモニタリングプログラムを立ち上げた。第二次世界大戦後、彼は妻のノラとともに、北米大陸全体をカバーする今でいうシチズンサイエンスプログラムを発足させた。すべてが手作業だった。コンピューターのない時代、標識されたオオカバマダラを見つけた人々は手紙を書いて知らせた。アーカートはこうした発見記録をもとに、壁に貼った巨大な地図に印をつけ、タグづけされた場所と再発見の場所を黒い線で結んだ。

当初、直線はテキサスで収束したが、そこに越冬地は見つからなかった。アーカートは、オオカバマダラはテキサスから国境を越えて南のメキシコに向かうと結論づけた。彼の主張を信じる人はわずかだった。だが、メキシコに住みアーカートの研究にボランティアとして参加していた、米国人のアマチュアナチュラリストと彼のメキシコ人の妻は、オオカバマダラの目撃情報を追ってシエラマドレ山脈を歩き、現地住民に尋ねてまわって、ついに山中にある越冬地を発見した。かれらはアーカートに電話をかけた。「見つけました。無数のオオカバマダラです!」[5]。アーカートら研究チームは歓喜した。

しかし、オオカバマダラの大群を見つけたからといって、メキシコの山中にいる蝶たちが、カナダやその他の地域から南へ渡った蝶たちと同一であるとは限らない。というより、そんな考えは荒唐無稽に思えた。カナダからメキシコまでの途方もない距離を、どうやって飛ぶというのか? それにいったいどうやって、行ったこともない異国の山頂にある避難場所を見つけるのだろう? こんな説を受け入れるのは、よほど無根拠な自信にあふれた人くらいだ。

周到に練られた計画は、時に計画以上にうまくいく。すでに高齢になっていたアーカートは、自分の眼で確かめに行くことにした。標高三〇〇〇メートルを超える急峻な道を登りきり、山頂に到達した彼は一息入れた。そのとき彼の目の前で、無数のオオカバマダラの重みに耐えきれなくなった枝が折れた。蝶たちはそこらじゅうに飛散した。

その中に、彼のプログラムの標識のついたオオカバマダラがいたのだ。

できすぎた話に思えるかもしれない。だが科学界屈指のブレイクスルーのなかに、幸運な偶然が重なって実現したものは珍しくない。ペニシリンの発見はまったくの偶然だった。

幸運は備えある者のもとを訪れる。それにしても、これは空想めいていて、万事の解決をデウス・エクス・マキナに委ねるギリシャ悲劇のようだ。この年アーカートのまわりの木々で越冬したオオカバマダラは五億頭はいたかもしれない。彼のちっぽけなプロジェクトでつけたタグを回収できる確率は皆無に等しかった。幸い、『ナショナルジオグラフィック』の取材チームが同行していたおかげで、アーカートのありえないほどの幸運は、目撃者の証言にしっかりと裏付けられている。アーカートはメキシコ山中の狭い地域でオオカバマダラが越冬する事実を発見したわけではない。メキシコの人々は以前から知っていたのだから。けれども、彼はそこで採集した蝶の一部が、遠く北米大陸北部からやってきたことを突き止めた。

アーカートの研究によりひとつ謎は解けたが、科学の世界ではひとつの問いに答えが出ると、一〇〇の新たな疑問が生まれる。あとに続く疑問は明らかだ。どうやって渡りを実現しているのか？　メキシコに一度も行ったことのない小さな昆虫が、越冬にぴったりな微気候条件を備えたこの山中の特別な場所を、どうやって見つけるのだろう（研究者たちはその後、この高標高地帯にいくつもの越冬地を発見し、この山地の一角は国連生物圏保護区に指定される）？

数十年の間、誰も答えを知らなかった。やがて研究者たちは、生きた細胞の分子レベルの秘密を暴きはじめる。いまやわたしたちは細胞のしくみをよく知り、完璧に近い答えを用意できるまでになった。じつに興味深い話で、地球の生物の物語のほとんどがそうであるように、始まりは太陽だ。

わたしたちは太陽依存症[6]だ。時計の針は皮膚の下でチクタクと進んでいる。選んでこうなったわけではない。それは生物としての定め、地球上の生命の本質なのだ。眼のない生物でさえ、この法則に支配されている。細胞は時間の経過とともに、夜明けから夕暮れまでのリズムで拍動する。蛾やコウモリ、ヤドカリや一〇代の少年のような夜行性動物もまた、二四時間の区切りに縛られている。

太陽が地球上の生命体すべてに影響を及ぼしていることを証明するかのように、人類文明はつねに天空の黄金球を神聖視してきた。ギリシャ人はヘリオスを、アステカ人はナナワツィンを崇め、バスク人は民を守る太陽の女神エキを敬愛した。オーストラリア先住民は、太陽の女神グノウェーにまつわる悲話を語り継いできた。彼女は行方のわからなくなったわが子を探し、夜明けから夕暮れまでたいまつを手に、世界を日々探し回っているという。彼女の悲しみが世界に恩恵をもたらす、哀切の物語だ。ほかの文化では、神々が馬車で太陽を引いて天を駆け、人類を光で照らすために日々努めているともされる。

太陽はわたしたちの永遠の「時計」だ。世界をひとつにまとめ、すべての生命をかけがえのないシンフォニーとして響かせる指揮者でもある。たとえ完全な暗闇に隠れても、この時計の絶え間ない監視からは逃れられない。ある科学実験で暗闇に完全に隔離されたヒトの参加者たちは、数週間後、まだ体内の概日時計に従って生活していた。

わたしたちがみな共通の時計をもっていることは、当然ながら人類が思考能力を獲得して以来ずっと知られていた。けれども、この盲従をもたらす生物学的なしくみが科学的に解明されるようになったのはつい最近のことだ。複雑な機構がもつ意義は大きく、概日時計の分子機構をついに解明した研究者たちには、ノーベル賞が授与された。

ひとつひとつの細胞が、果てしない二四時間刻みのフィードバックループで拍動する。細胞は毎日スケジュールどおりに物質の生成や分解をおこない、生化学的特性の周期変動を生み出して、これが体全体の機能を調整する。このフィードバックループのおかげで、わたしたちの体のどの細胞のはたらきもほかの細胞と、さらには外部世界の細胞とさえ同期している。

わたしたちはみな同じリズムで生きている。なんらかの理由でわたしたちと外部環境とのリズムがずれてしまった（例えば飛行機でいくつものタイムゾーンを越えた）場合、わたしたちは細胞が環境に順応するまで「調子」が狂う。春に時計を進め、秋に元に戻すサマータイムを導入している国に住んでいる人は、変更後に調整が済むまでに数日かかる。

これは、個々の細胞のなかではさまざまな遺伝子の発現と抑制が一日のうちに切り替わるが、遺伝子が太陽に従って時刻の変化に順応するには、多少の時間が必要であるためだ。わたしたちは体内時計を、天高く燃える永遠の時計に合わせて再調整しなくてはならない。タイムゾーンを越えた旅行者に対し、到着後できるだけ早く屋外に出るよう推奨されるのはこのためだ。

この発現と抑制のいつもの流れが、研究者が明らかにした概日リズムの実体だ。わたしはずっと、「リズム」と表現されるのは単なるたとえだと思っていたが、細胞の活動を動画で記録できる現代の顕微鏡でみれば、リズム、つまり拍動は現実のものだとわかる。適切なテクノロジーさえあれば、わたしたちは変動をリアルタイムで観測できるのだ。わたしたちの細胞のリズムは、心臓の鼓動にどこか似ている。

二四時間の太陽のサイクルに従って生きているからこそ、イヌは午後三時になるとバス停に子どもたちを迎えに行き、ウマは午前六時になるとオーツ麦の餌がもらえると理解し、ウシは午後五時になると搾乳に合わせて自分で帰ってくる。赤ちゃんがいつも同じ時間にぐずるのも、鳥が季節に応じて南をめざし、北に帰るのも、トウワタなどの植物が毎年同じ時期に咲いては枯れるのもこのせいだ。どれひとつとっても偶然ではない。何もかもが光の神の思し召しだ。すべての生命は太陽を中心に回っている。

昆虫も太陽の支配下にある。神経科学者のラッセル・フォスターとレオン・クライツマンは著書『概日リズム(Circadian Rhythm)』のなかで、花は毎日決まった時間に蜜をつくり、昆虫はそれを「知っている」と述べた。花がウェルカムマットを用意するのは特定の時間帯だけだ。「ミツバチは訪花の予定表をつけていて、一日に九件まで予定を記憶できる」という。「ミツバチも植物も、同じ二四時間の太陽日を体内で把握していて、現在の時間を知り、体内時計をそれと同期させることができる」。要するに、地球上の生命はみな、太陽の軛《くびき》から逃れられないのだ。蝶も含めて。

しかし、地球上の生命をシンクロさせるのは概日時計だけではない。多くの生物は季節に合わせた概年時計も備えている。遺伝的なメカニズムを通じ、この時計が一年の特定の時期に、正しくものごとが起こるよう仕向けている。わたしたちの世界は正確なタイミング次第なのだ。

腕時計をつけていようがいまいが関係ない。クマは秋になると冬ごもりに入り、春になると活動を再開する。ウマは早春に子を産み、それはちょうどタンパク質豊富な若草が芽吹く直前だ。わたしたちは秋に日が短くなってくると「くつろぎ」モードになり、アームチェアに座って冬型の行動パターンをとり、早く寝て遅く起きるようになる。春になり日が長くなってくると、春型の行動を示す。つまり、何かにつけ外に出たいと思うようになり、早起きし、より活動的になるのだ。

オオカバマダラも概年リズムに合わせて生物学的変化をとげる。[7] 秋の渡り型オオカバマダラは、夏のオオカバマダラとは別の生き物だ。見た目からして違う。渡り型のオオカバマダラは羽化したときから、親世代と比べてより大型で、力強く、色が濃い。空高く舞い上がり、猛烈な風に乗って長距離を滑空するため、渡り型のオオカバマダラの翅はそれに適した形をしている。

かれらの翅は大気の流れに乗ることに完璧に適応している。わたしがカヤックに乗って川下りをするように、オオカバマダラも空中の川を利用するのだ。昆虫にとって飛翔ほどエネルギー消費の激しい行動はない。そこで渡り型のオオカバマダラは、追い風に乗ってエネルギーを節約する。この能力のおかげで燃費が抑えられ、遠くまで飛べる（あるいは滑空できる、と言うべきかもしれない）のだ。

飛翔パターンにも違いがある。夏型のオオカバマダラはひらひらと舞い、蜜を求めて花から花へと移ろう。オスは執拗にメスを追い、メスはオスの攻勢をかわしつつ、産卵に備えて蜜で栄養補給する。対照的に、渡り型は目的に特化している。かれらはふつう交尾しない。目的はただひとつ、約束の地に到達することだ。南への旅の途中、かれらはできるだけ蜜を摂取し、寒い冬の間に消費する糖と脂肪を蓄える。渡りの最中の大食いぶりは相当なもので、越冬地に着いたときの体重が渡りの出発時点を上回ることもある。

もうひとつ重要なのは、社会性が高くなることだ。渡り型はより集合性が高く、南への旅の途中で数時間から数日にわたり、お互いの上に重なるほど密な集団をつくって木に止まって休む。

「休息中のかれらはお互いを許容します[8]」と、オオカバマダラ研究者のパトリック・ゲラ[9]は言う。「他個体に惹かれて集まっているのかどうかはわかりません。めぼしい場所を探しているうちに、結果的に同じ場所に行き着いている可能性もあります」

お互いに惹かれあっていないのだとしたら、どうして集まるのだろう？

「おそらくねぐらでは、なんらかの情報共有がおこなわれているのでしょう」と、彼は答えた。

もしかして、これが正しい越冬地にたどり着くのに一役買っているのだろうか。

「そうかもしれません。あるいは、ただほかの個体の真似をしているのかも」と、ゲラは言う。

メキシコに着いたかれらは、互いに追従しあって山へと向かうのだろうか。あるいは、みな同じ音やにおいに惹かれているのか。ゲラたちはいずれこの疑問を解決する研究手法を確立したいと考えている。

渡り型のオオカバマダラがお互いを許容する理由のひとつは、繁殖しないからかもしれない。というより、生殖器官の発達が不完全なため、かれらはふつう繁殖できない。オスの攻撃性は大幅に低下する。産卵プロセスにエネルギーを投資する代わりに、渡り型は体を成長させ、長距離飛行と長い越冬期間に備えるのだ。

こうした再設計をスタートさせるスイッチのひとつが、もうおわかりだろう、太陽だ。昼間が短くなると、オオカバマダラの体内時計は日照不足を認識し、発達プロセスを変化させる。こうして蛹から羽化した蝶は「スーパーフライヤー」であり、風を読み、長距離を滑空する能力に長けている。

かれらは特定の方向に向かって飛ぶ傾向を備えている。「秋の渡り型には南に向かって飛ぶ強い行動傾向がありますが、夏のオオカバマダラはどこにでも飛びます」と、ゲラは教えてくれた。わたしたち陸の生物は、海や空を見て「水」や「空気」と認識する。けれども、こうした環境で生きるように進化した生物は、ヒトがつくる道路網にも似た、複雑な交通システムを感じとる。オオカバマダラはなんらかの方法で込み入った大気の流れを感知し、熱上昇気流に乗ってはるか上空に到達する。かれらが風を読む方法の詳細は謎に包まれている。

わたしたちが話している間にも、いくつもの疑問が「今後の研究課題」のリストに加わっていった。科学は果てしない物語だ。一九世紀末、電子の発見の直後に、ある物理学者が「科学者の仕事は完了した」と述べた。なされるべき発見はすべて出尽くした、と宣言したのだ。若きアインシュタインが$E=mc^2$の公式を導きだしたのは、その数年後の一九〇五年のことだ。

要するにこういうことだ——科学はけっして「完了」しない。ヒトの好奇心が尽きないかぎり。

子どもの頃から昆虫好きだったゲラは、マサチューセッツ大学医学部の著名な神経科学者スティーヴ・レパートの研究室でオオカバマダラの研究をスタートした。レパートとゲラは共同研究者とともに、オオカバマダラの渡りを可能にする生物学的メカニズムの数々を、何年もかけて解き明かしてきた。

オオカバマダラが太陽を「コンパス」として、飛行中に参照していることはすでに知られていた。レパートのチームはこの結果を追認した。長く使われている実験手法を採用し、かれらは渡り型のオオカバマダラを上部に穴をあけた樽型の容器に入れ、外に置いた。蝶は樽の中心点に慎重に糸で留められた。蝶から見えるのは真上にある空と太陽だけ。留め糸は蝶が自由に方向転換し、上下以外のどの向きにでも飛べるようにデザインされていた。

その結果、先行研究の通り、秋のオオカバマダラが一貫して南西方向に向かって飛ぶことが明らかになった。渡り型ではないオオカバマダラにこの傾向はみられなかった。

「太陽は空にある方向定位に便利な手がかりなんです」と、ゲラは言う。たしかに納得だ。ヒトも同じことをする。

「驚くべきは、かれらが針の先ほどの大きさの脳で、わたしたちヒトが複雑な計算をしないとできないような、さまざまな能力を実現していることです」と、彼は付け加えた。わたしはジャンボジェット機の操縦パネルを思い浮かべ、それがすべて極小サイズの蝶の脳に収まっているところを想像した。

南西に飛ぶ傾向がどれだけ強いかを検証するため、研究チームは樽に手を入れ、飛んでいる秋型オオカバマダラの向きをやさしく変えた。実験者が蝶から手を放したとたん、蝶は南西向きに戻った。夏型のオオカバマダラは、このような反応はしなかった。

わたしはレパートの講義でこの現象を捉えた動画を見た。出席者たちは息を呑んだ。傾向はそれくらい明らかだった。渡り型オオカバマダラは小さな頑固者だ。粘り強く、揺るぎなく、けっして考えを変えない。夏のオオカバマダラとは別の生き物だ。何にも邪魔されず、かれらはただわが道をゆく。


オオカバマダラは太陽を指針として進むべき方向を知る。この能力が驚嘆に値するのは、太陽は一点にとどまっていないという、明らかな障害を克服しているからだ。地球上の生物から見ると、太陽を崇拝したわたしたちの祖先も気づいていたように、太陽は天を旅するように見える。

この見かけ上の運動を補正しつつ、一定のコースを保つため、南に渡るオオカバマダラは、早朝には昇る太陽を左に見ながら進み、夕方には沈む太陽を右に見ながら飛ぶ。正午にはまっすぐ太陽に向かっていく。

ヒトからみれば、この遂行能力はまるで空想の産物だ。蝶はどうやって現在時刻が朝か、正午か、夕方かを判断するのだろう？　移動する太陽に対して、自分がどの位置にいるべきかをどう理解しているのだろう？　どうして蝶は太陽が動くことを知っているのだろう？　蝶のなかには概日時計というタイムキーパーがいて、特定の物質を夜間に生産し、日中にそれが分解されることで「時間管理」がなされている、というのが答えだ。

「日中、太陽は分子の分解を促す引き金になります」と、ゲラは説明する。「光により事実上、生産が停止します。これがわたしたちの昼間の時間サイクルと同期しているのです」

「この現象は太陽なしでも起こります。振動すなわちリズムは一週間ほど維持されますが、その後はだんだんリズムが崩れていき、やがて平坦になって変動しなくなります」と、彼は説明した。「また、常に光を浴びていても概日時計に異常をきたし、リズムが平坦になります。わたしたちは何百万年にもわたり、昼、夜、昼、夜のサイクルに適応してきたのです。ずれている自覚があり、リセットしたいなら、キャンプに行くか、電気を使わずに生活してみればいいのです」

蝶にも同じことがいえる。いや、地球上のほぼすべての生き物にあてはまる。

長い時間をかけて一連の実験を終えたあと、レパートのチームはオオカバマダラの渡りのメカニズムをさらに細部まで肉づけしていった。ある研究では、かれらは蝶を騙した。渡り型の個体を捕獲して、特製の孵卵器に閉じ込めた。この中の「日照時間」は、実験者が人工照明のオン・オフを設定することで操作できる。かれらは照明のオン・オフの時間を、実際の日の出と日の入りから六時間ずらした。蝶にとっては、六時間のずれのあるタイムゾーンまで飛行機で移動したようなものだ。もしあなたの身に知らないうちにこんなことが起きたら、あなたの自覚する現在の時刻は、実際の時刻から六時間ずれたものになる。きっと混乱するはずだ。

蝶にとってもそうだった。研究チームが「時間のずれた」蝶を外に出し、例の蓋のない樽に入れ、本物の太陽を使った定位をさせると、蝶の体内時計のずれが明らかになった。かれらは間違った方向に飛んだのだ。例えば、人工照明に合わせて調節された体内時計が午前一〇時をさしているときは、太陽を左に見ながら飛んだ。このときの実際の時刻は夕方で、本来なら太陽を右に見ながら飛ぶべき時間帯だ。

「小さな孵卵器のなかで、蝶は時間を認識しました。そのあと屋外で実験したとき、かれらはまだ孵卵器のなかにいると思い込み、その通りに行動しました。間違ったルールを適用したのです」と、ゲラは説明する。「わたしたちが蝶を外に出したとき、かれらにとっては朝でした。でも実際は夕方だったのです。蝶たちは指示に従い、きっちりと自分の仕事をしました。けれども文脈が間違っていたのです」

でも、実際のところどうやって太陽を追っているのだろう？　眼を使うのだろうか？　わたしたちヒトならそうするだろうし、周辺環境のリズムから時間が変わったとわかるまでは、そうしつづけるはずだ。

あるいはもしかしたら、ヒトがもち合わせていないような、何か別の感覚を使っているかもしれない。コウモリは独自のソナーを使うエコーロケーションと呼ばれる方法でナビゲーションを実現する。オオカバマダラにも特別なナビゲーションツールがあるのだろうか？

研究者たちは昔から、生物は細胞ひとつひとつのなかの概日時計とは別に、中央制御時計をもっていると考えてきた。映画のなかでチームリーダーが、「そろそろ時計を合わせよう」と、ミッション参加者全員に呼びかけるシーンを思い浮かべるといいと、ゲラは言う。「すべてを制御するひとつの時計」は、わたしたちの場合、脳の特定領域にある。研究者たちは、蝶の「すべてを制御するひとつの時計」も、同じく脳にあるのだろうと考えた。

かれらは間違っていた。

レパートのチームは、渡り型オオカバマダラのナビゲーションに不可欠な「時計」が脳ではなく、触角にあることを突き止めた。

「オオカバマダラの脳には、睡眠と覚醒のサイクルなどを司る中央時計があります。けれどもわたしたちのチームは、方向定位に関して、かれらが触角にある時計を使っていることを発見しました」と、ゲラが詳しく説明してくれた。

テクノロジーを駆使して、ヒトも同じようなことをしている。

「わたしたちは身の回りにいくつもの時計を置いて、さまざまなタスクに利用しています」。壁掛け時計、ラップトップの時計、携帯電話の時計。「トレーニングのとき、わたしは腕時計を使います」と、彼は言う。

「理由はわかっていませんが、触角の時計が渡りに使われます。ここが研究結果の奇妙で予想外なところです。すべてを制御するひとつの時計が、渡りの最中の昆虫に現在時刻を知らせていると考えたくなりますが、そうではないのです。かれらは脳の外にある別の時計を使っています」

蝶の触角は生物個体と外界の接触が起きる重要な場所であり、じつに多機能だ。子どもたちはときに触角を「フィーラー」と呼ぶ。目隠し鬼で遊ぶときに、手を伸ばして探りさぐり進むところからの連想だろう。比喩としてこれは正しい。

蝶の触角は自然が生んだ驚異だ。触角はスイスアーミーナイフのようなすばらしい多機能ツールキットであり、必要不可欠なタスクを実行するさまざまなツールを兼ね備えている。空気中に漂うにおいをはるか遠くから検出し、飛行中のバランスを保ち、方向定位にも使われる。さらに複数の比喩的な意味での「時計」を備え、そのうちのひとつが時間に関する重要な情報を脳に送る。

ゲラをはじめとするレパートの研究チームは、さらに詳しい解明に取り組んだ。両方の触角が手つかずの蝶はとても効率的に目的地にたどり着ける。片方を取り去られた個体も、問題なく道を見つけられる。だが、両方の触角を失うと、蝶は方向を見失い、南に渡ることができなくなる。フレッド・アーカートは一九五〇年代、すでに逸話としてこの可能性を示唆していたが、レパートらは独創的な実験でこれを実証した。

かれらは触角を取り除くのではなく、塗装した。片方は黒く塗り、光が届かないようにした。もう片方には透明のペイントを施し、こちらは光が透過する。このように塗られた蝶は、飛翔方向の定位ができなくなった。日中の時間を問わず、両方の触角から矛盾したメッセージが脳に入力されつづけたためだ。研究チームは、蝶は両方の触角に「時計」として機能する、時間を把握するメカニズムをひとつずつ備えていると結論づけた。片方の触角を失っても、残りの一本だけで飛ぶべき方向を見つけ出せる。だが両方の触角を異なる色で塗ると、左右から送られるシグナルが異なるものになる。こうして、太陽の動きを認識する生物学的メカニズムが、蝶の触角に存在することが示された。

二月下旬以降、オオカバマダラは春の植物の芽吹きを追って、越冬地から移動しはじめる。一部ははるか北のカナダ国境を越えていくが、大部分はメキシコやテキサスに落ち着き、そこで交尾し産卵して次世代を残す。そして子世代がさらに北をめざす。これが四、五世代にわたって繰り返され、やがて晩夏になるとオオカバマダラは再び南に向かう。

レパートのチームは、メキシコにいる蝶がどうやって冬の終わりに北への帰り道を見つけるのかという疑問に取り組んだ。変化を生み出す生物学的メカニズムは、日長をきっかけに駆動するというのがひとつの考えだ。昼間が短くなることは、南への渡りを促す要因のひとつでもある。これに対し、日長よりも気温が引き金であるという説もあった。いったいどちらが正解なのか？　ギネスビール六缶を賭けた検証がはじまった。

ゲラはまず、春に北に向かう個体をテキサスで捕獲し、リリースして飛行経路を追った。蝶たちはやはり太陽を指針として飛び、ツールキットを今度は北をめざすための方向定位に使っていた。

コンパスの逆転は、どんな風に起きたのだろう？

次のステップとして、研究チームはニューイングランドで秋に南に向かって飛んでいる蝶を捕獲した。そしてニューイングランドにとどめたまま、かれらを二四日間にわたって冷涼な気温にさらし、標高三六〇〇メートルのメキシコの山中での越冬に似た状況を経験させた。

こうして巧妙にだましたオオカバマダラを屋外のふたのない樽に入れたところ、蝶たちは北をめざして飛んだ。まだ秋であるにもかかわらず、メキシコに渡って越冬する段階をすでに終えたかのように、「戻って」こようとしたのだ。

並行して、チームは別の渡り途中のオオカバマダラも捕獲した。こちらには温度変化を経験させず、代わりに何カ月にもわたり、穏やかで安定した秋のような条件で過ごさせた。そして翌年の三月にリリースしたところ、蝶たちはまるで休眠状態が解けたかのようにふるまった。秋がまだ続いているのように、南への旅を再開したのだ。

「秋の渡り途中の個体を寒さにさらすと、南ではなく北に向かうようになりました。また秋の渡り途中の別の個体を捕獲して、春まで暖かい実験室で飼育すると、メキシコにいる仲間はもう北に戻ろうとしているというのに、南に向かって飛ぶようになりました」

「これがパズルの最後の一ピースでした」と、ゲラは言う。

渡りの方向定位においてもっとも重要な手がかりは、日長ではなく低温であることを、かれらは示したのだ。

これは懸念材料でもあると、彼は言う。

「問題は地球温暖化です。メキシコで気温が下がらなくなれば、かれらは北に戻ってこなくなるかもしれません」

寒さというもっとも重要な手がかりについて、研究は始まったばかりだ。渡りのコンパスが逆転するには、どれくらいの期間にわたって寒さを経験すればいいのだろう？　今後の研究が期待される。

これらの研究によってわかったのは、要するに、オオカバマダラの渡りが「機械的な」行動ではなく、蝶が周囲の環境からたくさんの手がかりを受け取って、なんらかの形で統合し、行動に関する意思決定を下した結果であるということだ。かれらは日長の変化、気温の高低、トウワタの成長と衰えを把握している。どの手がかりが優先されるかは、蝶が複雑な行動をみせる、その生息環境に依存する。渡りの傾向（「渡り症候群」とも呼ばれる）は、ひとつのスイッチでオン・オフが切り替わるものではない。

進化の要は多様性であり、オオカバマダラの渡りはその最たるものだ。かれらの渡りの「正解」は、単純に割り切れるものではない。どちらとも断定できないグレーゾーンがかなり広いのだ。典型的なオオカバマダラの行動は確かにあるが、例外的で、型にはまらない、常識はずれの個体もいる。むしろオオカバマダラは、こうした分散投資のライフスタイルにすぐれているようだ。

二〇一七年の秋の渡りの際、カリフォルニア州サンタバーバラのキャシー・フレッチャーが庭に出すトウワタを運んでいると、メスのオオカバマダラが現れた。このメスはトウワタ一本につき一個ずつ、五つの卵を産み、そして去っていった。

デヴィッド・ジェームズがわたしにこの話をしてくれた。興味深い。文献によれば、渡り途中のオオカバマダラは繁殖しないはずだ。わたしはフレッチャーに電話をして詳細を聞いた。わたしたちが話したのは一二月なかばで、まだ火災が猛威をふるっていた。サンタバーバラは被災地のひとつとなり、競走馬の厩舎が焼け多数の馬が焼死する悲劇も起きた。フレッチャーによると、彼女の自宅は火災を免れたものの、煙のため夫妻は外出を禁じられたという。ようやく外に出られたとき、かれらは地面に横たわるたくさんの蝶を見つけた。煙か灰のせいで落ちてきたようだった。フレッチャーは一匹の体をきれいにし、蜜を与えて、再び旅路へと送り出した。

例の産卵個体が現れたのは、渡りの開始からまもない九月のことだ。「わたしはそこに立って、光景に目を奪われていました」と、フレッチャーは言う。彼女は産卵メスにタグがついていることに気づき、写真を撮ってデヴィッド・ジェームズに送った。その蝶は数百キロメートル北のオレゴン州で、あるボランティアがタグ付けした個体だった。彼女は数百キロを移動した末に、卵を産んだのだ。

ということは、この蝶は越冬しないのだろうか？　そう尋ねたわたしは、これが大きな未解決問題のひとつであると知った。彼女は冬型と夏型、二つの生物学的状態を行ったり来たりするのだろうか？　それとも産卵によって生涯を終える運命なのか？　彼女が越冬可能な状態に戻ることはなさそうに思える。だがそもそも、北部のオオカバマダラがはるかメキシコまで渡ること自体、かつてはありえないとされていた。

「南に向かって飛ぶ傾向と産卵は、これまで考えられていたほど明確に切り離されているわけではないとわかりました」と、ゲラは説明する。つまり、異例の気温条件のもとでは、渡り型の蝶が繁殖モードに切り替わることもありうるのだ。「問題の蝶は渡り症候群だったはずですが、途中できわめて高い気温を経験し、繁殖が促されたのでしょう。渡りの指示と繁殖の指示、二つのセットが存在するようなものです」。これら二つのセットが実際にどのような均衡を保っているのかは、今後の解明が待たれる。

そういうわけで、オオカバマダラがどうやってカナダからメキシコまでたどり着くのかについては、以前ほど謎に包まれているわけではない。「ですが、解決すべき疑問はほかにもあります」と、ゲラは語る。研究者としてのキャリアを歩みはじめたばかりの彼に、オオカバマダラ研究が「完了」してしまうことを心配する必要はなさそうだ。

彼は問いかける。「オオカバマダラはいつ止まるべきかどうやって知るのでしょう？　なぜメキシコで止まるのか、わたしたちは知りません。メキシコには何か、ここが最終目的地だと蝶たちに知らせる要素があるはずです。あのにおいがするからここで止まろう、というような手がかりが。もし森がなくなったらどうなるでしょう？　それでも同じ場所に行く？　かれらが磁場を感じ取る方法は？　まるでスタートレックの世界です」

世間の常識では、オオカバマダラは特定のパターンに厳密に従って行動することになっている。例えば渡り型は繁殖しない。ところが実際は、この種にとってルールは破るためにあるようだ。

きっとそれこそが、わずか一〇〇万年前に北米大陸の狭い地域で進化したこの種が、いまでは世界中を飛び回っている理由なのだろう。オオカバマダラは特有の環境に生活するスペシャリストではない。英国のラージブルーのような蝶とは違う。むしろかれらは、風に乗ってたどり着いた先の多様な（ただしトウワタのある）環境に適応することに特化したスペシャリストなのだ。

「多様性は進化の糧です」と、『渡り（Migration）』の著者ヒュー・ディングルはわたしに説明してくれた。「オオカバマダラが生殖休止（生殖器官の発達の停止）に入るかどうかは日長に依存しますが、温度に応じて調整されます。産卵はオオカバマダラの行動の多様性の一例にすぎません。カリフォルニアのように気象条件が不安定な場所では、とりわけこのような多様性がみられます」

黄金州に棲む生物には、究極の適応能力が必要なのかもしれない。ディングルと彼の教え子のミカ・フリードマンは、渡りをしないグアムのオオカバマダラや、渡りをするものとしないものがいるオーストラリアのオオカバマダラも研究している。この種は太平洋の多くの島々にも生息しているが、そこではたいてい渡りをしない。ひとつの種のなかにかなりの行動の個体差があるのだ。

わたしはしばらくこのことを考えてみた。哺乳類中心に考えがちなヒトとして、わたしは昆虫の行動は機械的で、単純で、無味乾燥なものと思い込んでいた。だが考えてみると、多様性は理にかなっている。蝶と蛾は一億年以上もこの星で生きてきた。すぐれた適応能力を備え、変化してきたからこそ、これほど長く繁栄を続けられたのだろう。蝶はこの世界で、大気の川に乗って飛び、捕食者を避け、完璧な食草を探して生きている。オオカバマダラの世界は、数千キロメートルの渡りをして適切な越冬地を探し、再び繁殖地に戻る長命なメトセラ世代ならば、さらに広いものになる。かれらの行動が柔軟なのは当然だ。

すべての種は本来そのなかに多様性を有する。これこそが、ディングルが到達したすべてにあてはまる真実だ。例えばサケはふつう淡水域の上流で孵化し、川を下って外洋へと出ていく。しかし、すべての個体がそうするわけではなく、一部は沿岸にとどまる。母なる自然の分散投資だ。外洋で何か不測の事態が起き、サケの集団が壊滅したとしても、出生地の近くにとどまった集団が再び生命のサイクルを回す。

オオカバマダラにも同じことがいえる。渡りをする傾向はオオカバマダラの系統に共通していて、遺伝的基盤の存在が示唆される。だが、傾向があるからといって、ある個体が渡りをするかどうかを確実に予測することはできない。例えば越冬が可能なフロリダには、渡る個体と渡らない個体がいる。この違いはおそらく、それぞれの個体が経験した環境条件に起因するものだろう。

昆虫は「生きているセンサー」であり、刻々と変動するさまざまな環境条件に反応しなければならないのだと、ゲラは考えている。「将来何が起きるかは予想がつきませんからね。オオカバマダラはいつも、すべてがちょうどいい場所を探しているのです」

だからこそ、かれらは渡りの能力を進化させたが、必ず渡るとは限らないのだ。

ヒュー・ディングルとミカ・フリードマン(10)は、渡る個体と渡らない個体の違いについてさらなる解明につとめている。渡らないのは、渡りという生物学的能力を失った結果なのか、それとも適切な環境中のきっかけがないためなのか？　かれらはオーストラリアの渡りをしないオオカバマダラを捕獲し、日長の短縮を模した人工条件下で繁殖させた。すると、驚きの結果が待っていた。

「定住性への移行は不可逆的ではないようです」と、フリードマンは言う。

確かに面白い。けれどもわたしにとって、それ以上に興味深かったのは、生活様式にまつわる意思決定が蝶の段階ではなく、イモムシの段階で下されることだった。フリードマンとディングルが幼虫を秋のような条件にさらすと、幼虫である期間が数日伸び、猛然と草を食べてタンパク質と脂肪を蓄えた。まるで長距離飛行に備えているかのように。

つまり、幼虫時代に何を経験するかが、そのあと蝶として生きる世界を決めるのだ。あるすばらしく巧妙な実験で、進化生態学者のマーサ・ワイスはこのことを確かめた[11]。彼女は蛾の幼虫をあるにおいにさらし、同時に電気ショックを与えた。ほとんどの幼虫はにおいを避けるように学習した。のちに羽化した蛾は、大部分の個体が同じくこのにおいを避けた。つまり、幼虫の頃に収集した情報は、変態のステージを超えて受け継がれ、成虫の行動へと統合されるのだ。

この現象は「記憶」と呼ばれるが、生物学者はわたしたちが朝食に何を食べたかを覚えていることとは区別して考えている。かれらの記憶はむしろ、ある物質を回避する傾向が、生物学的な刻印として蝶の段階へと継承されたものだ。幼虫段階で獲得した情報がどのように成虫に役立つかというテーマは、まだ探究が始まったばかりだ。これから興味深い知見が蓄積されれば、経験と生物学的メカニズムの相互作用、ひいてはわたしたち自身の人格形成についても理解が深まるだろう。

わたしたちから見ると、空を舞う蝶は地上の鎖から「解き放たれた」ようだ。けれども、これは真実とは程遠い。「新たに」生まれた蝶には、イモムシとして経験してきた世界が凝縮されている。加えてわたしたちは、渡りをするオオカバマダラは蝶の世界の異端児だと考えがちだ。だが、これも間違い。渡りをする蝶は想像以上に多いのだ。

中国とパキスタンの国境に、K2と呼ばれるヒマラヤの高峰がある。エベレストに次ぐ世界第二位の標高を誇り、登頂難易度ではおそらく世界一だ。挑んだ登山家は少なく、そのうち四人に一人は命を落とした。「非情の山」の異名の所以だ。

八六一一メートルの山頂は周囲から際立ち、常軌を逸した凶悪な角度のピラミッドのように見える。猛烈な嵐は何日も続く。冬の訪れは早く、夏はまたたく間に過ぎ去る。登頂に適した時期はきわめて短く、一刻の猶予もない。

一九七八年七月三〇日、K2登頂に成功し無事に下山した数少ない登山家のひとりであるリック・リッジウェイは、大勢のサポートチームとともに登攀を開始した。かれらは予定よりも少し遅い出発を余儀なくされ、その後も嵐に前進を阻まれた。襲撃のチャンスをうかがう捕食者のように、かれらには困難がつきまとった。

何日も登ってきたが、かれらは「まだ」六七〇〇メートルにしか達していなかった。時刻は正午ごろ。空は晴れ、太陽が見えた。

「鮮烈な色彩、薄い空気、暖かな陽射しに催眠術をかけられたように、わたしは夢うつつだった」[12]

と、リッジウェイは著書『ラスト・ステップ（The Last Step）』で述べている。

そのとき、雪と岩の世界のなかで、彼の眼は頭上に舞い遊ぶ、ステンドグラスの破片のような不可解な色をとらえた。

「一匹の蝶がロープの近くに止まった。美しい蝶だった。翼開長は七・五センチメートルほどで、オレンジと黒のまだら模様。母国のヒメアカタテハに似ていた」

その光景に彼はショックを受けた。

「蝶？　標高六七〇〇メートル地点に？」

彼は蝶を数えはじめたが、三〇を超えたところでやめた。

「中国のどこかから飛んできた蝶の雲が、気流に乗って稜線までやってきたのだ」

そんなことが可能なのだろうか？　酸欠になった脳が生み出した幻覚ではないかと、彼は思った。誰も信じないかもしれないからと、チームは写真を撮った。

リッジウェイにとって、これは人生を変える体験だった。多大な苦痛と落胆を経験しながら、なぜそれでも山に登るのかと人に尋ねられるたび、彼はヒメアカタテハの話をした。

そして彼は考えた。「レミングのような渡りの理由は？」

四〇年後、スペインの進化生物学者ヘラルド・タラベラ[13]が、彼の求める答えを見つけた。バルセロナに住む鱗翅目研究者のタラベラもまた登山家だ。リッジウェイの経験を知った彼は、感銘を受けつつ、ちょっと疑わしくも思った。証拠を求める彼に、登山隊は写真を提供した。「あらゆる昆虫の自由飛翔記録のなかで、これが最高標高です」と、彼は言う。「どう考えても、これより高くはそうそう飛べないはずです」

もし蝶がこれより高い場所を飛んだとしても、そこに大気は事実上ほとんどない。ヒメアカタテハが乗ってきた上昇気流は、山麓の空気が頂上部の空気よりも暖かいために生じる。暖かい空気は上昇する。ヒメアカタテハ（およびたくさんのその他の生物）は、この上昇にただ乗りし、いわばヒッチハイクで山を越える。

ヒメアカタテハは驚くべき蝶だ。ほぼ全世界に分布し、大陸によって少しずつ姿が違っている。翼開長はオオカバマダラの半分ほどだが、同じくらいか、時にはそれ以上の距離を渡る。

ヒメアカタテハの渡りのパターンはオオカバマダラに多少似ている。季節の変わり目になると、北極圏にいる集団は渡りを開始する。その距離はときに四〇〇〇キロメートルにおよび、しかもわずか一週間で目的地に到達する。ヨーロッパから飛び立った個体は、雨季の終わりに合わせてサハラ以南のアフリカにたどり着く。産卵場所、そして幼虫の餌となる植物が豊富な時期だ。この種はオオカバマダラ以上に柔軟で、たくさんの種の植物を餌として利用できる。

サヘル〔訳注：サハラ砂漠の南縁に広がる半乾燥地域〕が乾ききる春になると、秋に南へと渡ったヒメアカタテハの子世代は、北向きの風に乗ってヨーロッパに戻り、芽吹いたばかりの緑を存分に活用する。オオカバマダラと異なり、南に渡ったヒメアカタテハ自身は再び北に戻れるほど長生きはできない。

ヨーロッパでは春の渡りの時期、雲のような蝶の大群がしばしばみられ、「蝶に興味のない人々でも気づくおなじみの現象」なのだとタラベラは言う。それに比べ、秋の南への渡りは人目につかず、長い間秋の渡り自体が存在しないか、散発的にしか起きないと考えられていた。けれども、タラベラたちは秋の渡りの明確なパターンを発見した。誤解の原因は、秋の蝶がはるか上空を飛ぶせいで、ふつうは観察できないことにあった。熱上昇気流に乗って高く舞い上がったかれらは南へと滑空し、ヨーロッパ全土をまたぎ、アルプス山脈を越え、地中海を越え、サハラ砂漠を縦断し、サハラの南の土地に到達する。そこには繁殖と産卵にぴったりの餌や隠れ家になる草ややぶが豊富に存在する。

「一世代で遠くアフリカまでの旅を完結させますが、春に戻ってくるのは前年秋に渡った個体ではありません」と、タラベラは説明する。

ヒメアカタテハとオオカバマダラには重要な違いがひとつある。オオカバマダラは高山で越冬し、その間は繁殖しない。

蝶の渡りはけっして珍しい現象ではない。『渡り』のなかで、ヒュー・ディングルはオーストラリアのジャワシロチョウ *Belenois java* の大移動を目撃したときのことを報告している。ブリスベンのアパートの五階から眺める彼の前を、二時間半にわたり、一時間あたり四万八〇〇〇〜五万二〇〇〇頭の蝶が渡っていった。かれらは風に乗っているようで、また一心不乱に目的地をめざしていて、花の咲き乱れるたくさんの庭に見向きもせず通り過ぎていった。「豊かに咲いた茂みでは、他種の蝶が蜜を採食していたが、そこに立ち寄ろうかと逡巡する個体は一匹たりともいなかった[14]」

大河のような蝶の流れを、彼はどうやって数えたのだろう？

「三〇分の間に一〇回、わたしのいた建物の庭を一分間に通過する蝶の数を数えました。庭は建物と川の間にあり、幅三〇メートルほどです」と、彼は教えてくれた。「平均で一分間に八二二頭でした。つまり三〇分では八二二×三〇＝二万四六六〇頭です。それから二時間、蝶の密度に明らかな変化はみられなかったので、二万四六六〇×二で、一時間あたり四万八〇〇〇～五万二〇〇〇頭が二時間半続いたと考えました」

貴重な情報だ。というのも、わたしは昆虫の個体数推定に関して、このあとほかの驚くべき数字を知ることになるからだ。技術の進歩のおかげで、「移動生態学者」を自称するジェイソン・チャップマンは英国の空を毎年渡る昆虫の数を推定できるようになった。その数、じつに三兆五〇〇〇億。また別の推定によれば、ヨーロッパからアフリカに渡るトンボの数は毎回四〇～六〇億頭にのぼるという。

大陸をまたにかけて移動する昆虫の数は、世界の人口をはるかにしのぐ。人々が気づかないのは、かれらがヒトの眼にはふつう触れないはるか上空を旅しているからだ。降水量が多い年に一貫して昆虫の個体数が多い理由のひとつがこれかもしれない。何の変哲もない見た目はかれらの強みだ。

希少な蝶は乱獲され、ときにブラックマーケットで売買されるが、どこにでもいるヒメアカタテハを欲しがる人はほとんどいない。

第13章　爆発するエクスタシー

蝶の眼は驚異的だ。翅の色と同じくらい多様性に満ちている。

——アドリアーナ・ブリスコー(1)

蝶泥棒がいなくなったことは歴史上一度もない。二一世紀の現代においてもかれらは健在で、世界中でニュースの見出しを飾っている。『ナショナルジオグラフィック』二〇一八年八月号に掲載された、蝶の密輸に関する記事によれば、「希少な蝶の取引は、合法・非合法を問わず、全世界でおこなわれている(2)」

この記事では、ヴィクトリア時代の先人たちのように、密猟者が命がけで危険な断崖に登って蝶を捕獲し、それがゆくゆくは数千ドルで取引される実態が描かれた。ヒトの蝶に対する情熱はそれほどまでに強く、ビジネスは依然として法外な利益を生み出す。そのため一部の種の国際取引が禁じられたいまも、コレクターは蒐集を続けている。わたしはあるとき、ラスベガスに住むある研究者に密かに招かれ、彼の自宅の奥の部屋に入ったことがある。彼は南京錠のかかったドアを開け、いくつもの抽斗に収められた、いずれ劣らぬ美しさの蝶の標本を見せてくれた。その多くは所有が禁じられている種だった。

二〇〇七年、「世界最重要指名手配の蝶密輸犯(3)」を自称するコジマ・ヒサヨシが、ブラックマーケットでFBIの潜入捜査官に二五万ドル相当のコレクションを販売しようとしたところを逮捕された。彼は有罪判決を受け服役したが、いまも蝶標本の売買や採集を続けていたとしても、わたしは少しも驚かない。思い出すのは、哀れなハーマン・ストレッカー、あるいはウォルター・ロスチャイルド卿とデイム・ミリアム・ロスチャイルド、ベイツとウォレス、それに数世紀にわたって蝶の魅惑の色彩の虜になってきた大勢の鱗翅目研究者たちだ。マリア・シビラ・メーリアンもしかり。一部の人々にとって、蝶の魅力はそれほどまでに抗いがたいのだ。

この傾向は生まれつきのもので、ヒトの脳を駆けめぐる複雑な情報回路にあらかじめ組み込まれている。夏のある日、サウスカロライナの野原で蝶を追いかけて遊んでいた、コンスタンティン・カーネフの幼い娘のことを思い出そう。この事実は、ヒト以外の生物にさえあてはまる。鳥類界きっての建築家であるチャイロニワシドリのオスは、交尾のために途方もなく複雑な宮殿をつくり、高い芸術性でメスを魅了し誘い込む。その構造物の中へと続く細道を、かれらは蝶の翅の断片で飾る。

色への反応は神経回路に埋め込まれていて(4)、その起源は複雑な動物が海の中で進化しはじめた、五億四〇〇〇万年前のカンブリア紀にまでさかのぼる。だからこそ、蝶の翅は蠱惑的で、心を惹きつけ、依存症があり、骨を折らせ、衝動を焚きつけ、高圧的で、説明不要にこのうえなくセクシーだ。

視覚的な美は、というよりどんな種類の美でもそうだが、もっとも基礎的なレベルでみれば神経の興奮に起因する。もちろん、それ以外にもありとあらゆる要素、例えば生涯にわたる学習や経験、理想や文化的影響が関わってくる。それでも美の経験の中心には、生物個体の脳が外部世界にある何か重要な、あるいは必要不可欠なものに反応し、強烈に活性化する現象がある。

わかりにくいかもしれないので、実世界の例で考えてみよう。

あなたは一年を通じて月に一度、同じりんご果樹園のそばを車で通る。いつもは特筆に値しない体験だ。しかし九月のある日、通りがかったあなたは、数百本の木々がみな赤く彩られた光景を目撃する。りんごが熟したのだ。あなたは驚いて二度見し、果樹園が突然美しい姿に変わったことに、深く感動する。全人類共通の反応だ。世界中の子どもたちが描いた、緑の木の葉のなかに赤いりんごが実る絵を集めたら、いったい何十億枚になるだろう？　熟したりんごが実る木があるところでは、子どもたちは必ずその絵を描くものだ。

次にあなたはブレーキを踏んで、木から落ちたばかりの食べられそうなりんごがないか探すだろう。赤を見たことで、あなたの脳裏に過去にりんごを食べた経験が甦り、新鮮な冷たい果汁の記憶に唾液があふれてくる。この生々しい体験は、生存と密接に結びついている(5)。

要するに、赤という色が、あなたの思考を乗っ取ったのだ。

この体験ができるわたしたちは恵まれている。霊長類の遠い祖先にはできなかった。かれらは色に反応する光受容細胞、すなわち錐体を、青と緑の二種類しかもっていなかったからだ。けれども約三〇〇〇万年前、わたしたちにつながる霊長類の一系統で、三番目の錐体が進化した。奇跡的に思えるかもしれないが、これを可能にしたのは、遺伝子重複と呼ばれる単純なできごとだ。青と緑に加えて三番目の錐体を獲得したとき、わたしたちの眼前に、鮮烈な赤、まばゆいオレンジ、元気な黄色と、あでやかに壮麗に輝く、新しい世界がひらかれた。

こうした明るい色彩を認識できるようになり、熟した果実を見つけてもぎとるのは容易になった。研究によれば、望ましい、つまり美しいものに手を伸ばしたくなる欲求は、わたしたちの思考にあらかじめ組み込まれている。[6] 脳内にある報酬と快楽の中枢は、わたしたちが美しいと思うものを見ると活性化する。同じことが、おいしい果物に手を伸ばすときにも起こる。わたしたちは美を手にしたいと願う。時にそれは、文字通りりんごを食べたいという意味だ。

醜いものを見ると、脳のまったく別の中枢が活性化し、身体を逃走に備えさせる。こんなとき、わたしたちは（少なくとも心のどこかで）逃げ出したいと思っている。

誕生まもない研究分野の神経美学（neuroesthetics）は、わたしたちの脳が美しいものにどのような神経反応を示すかを探究している。美の根幹は生存にあると仮定する神経美学は、進化に深く根ざしている。わたしたちは生存に役立つものに惹かれる。この観点からみれば、美とは感覚便乗だ。

美は、わたしたちに本来備わっている「隠れた好み」につけこむのだと、マイケル・ライアンは著書『動物たちのセックスアピール』で述べている。

わたしたちはふつう、こうした隠れた好みを意識しない。ある特定の自然の風景に対する好みがどれだけ普遍的かを調べた研究は、わたしの大のお気に入りだ。その景色とは、草に覆われた平原、数本の樹木、水の流れ、丘陵や崖や山が揃ったもので、観察者はふつう、自分の位置を平原や水の中ではなく、一帯を見下ろす崖の縁と想像する。この研究では、国籍や文化を問わず多くの人々が、このような風景をもっとも好ましいと評価した。

先の研究の参加者たちは、こうした景色を「平和」や「穏やか」といった単語と結びつける傾向にあった。つまり「安全」と認識していたのだ。美についてのこうした見方には、進化的ルーツがある。はるか昔のある夕方、ジンバブエのサヴェ川を下っていたわたしは、騒々しく不協和音に満ちた、耳をつんざくような悲鳴を聞いた。じつに恐ろしい声だった。数百頭のヒヒの群れが、わたしたちのいた川のはるか上にある切り立った崖をよじ登っていたのだ。かれらは点在する枝に落ち着き、そこで夜を過ごす。わたしの眼前には、人類共通のあの風景そのものが広がっていた。この隠れた好みを選んだのは、ホモ・サピエンスではなくヒヒだった。かれらの好みは、ライオンやハイエナやリカオンに襲われる心配がなく、安心して眠れる場所だったのだ。

そう、美は観察者の眼に宿るのではない。脳の報酬系に宿るのだ。

多くの生物にとって、美は脳の視覚処理システムの文脈上に存在する。しくみを簡単に解説しよう。

わたしたちは朝、眼を開け、光を取り入れ、周囲の世界を「見る」。光子が眼に触れ、おもに網膜の中心に位置する三種類の異なる色識別ユニット（錐体）を刺激する。するとわたしたちは、空が青く、春の草が繊細な緑に色づきつつあり、昨夜脱ぎ捨てた赤いシャツが床の服の山に重なっているのに気づく。

こうした情報は視神経を通じて、脳の特定の経路に伝達される。複数の中枢を経由し、視覚のメッセージは脳の前端（眼）から、いちばんうしろの一次視覚野まで届く。ここで情報は分類され、いくつかの経路に振り分けられる。色に関する情報は脳の基底部を通る経路に運ばれ、動きに関する情報は頭頂部に達する経路を通過する。

なんとも妙な話だ。前者は腹側経路、後者は背側経路と呼ばれる。[7] つまり、枝に実り風に揺れるりんごを見ているとき、あなたの脳は少なくとも二つのまったく別の方法で、この光景について考えている。二つの経路がどのように統合されるのかは解明されていない。情報が意識的思考の形をとって、ようやくあなたは「りんごが風に揺れてる」と、心の中で考える。

あなたの脳の色情報の処理は、動きの情報の処理よりもはるかに速い。処理時間の差は圧倒的で、まさに桁違いだ。つまり、りんごの色は、あるいは同じ原理で蝶の色は、とてつもない速さと激しさでわたしたちの感性に突き刺さるのだ。

蝶の言語は色の言語だ。進化的な意味で、蝶は本当に意図をもって、驚愕するほどの美しさを手に入れた（ただし意識的にという意味ではない）。もちろん、かれらはヒトを感動させたいわけではないが、色の言語は原始的で普遍的であるため、わたしたちはおかまいなしに感動する。

背景を簡単に説明しよう。動物界にはさまざまな種類の眼がある。ヒトの眼のようなカメラ眼ばかりではないが、すべての眼には共通点がある。眼は生存の道具であり、世界を「ありのままに」見るためではなく、危険に満ちた世界を生き抜くのに役立つように進化してきた。眼はものを食べ、食べられるのを避け、配偶相手を見つけるためにある。

最初期の「眼」は生物の表面にある、光に反応する単純な細胞の集まりだった。海の生物（当時はすべての生物がそうだった）にとって、このような細胞は上下の区別に役立つ。「上」は光に近い方向、「下」は光から遠ざかる方向だ。

眼はやがて洗練の度合いを増した。眼の進化は、持ち主である生物の生活様式に完全に依存する。その生物はどこに棲んでいるのか？　生存に何を必要とするのか？　何がその生物を捕食するのか？　どんな方法で採食するのか？　生命の歴史上の重要イベントである五億四〇〇〇万年前のカンブリア爆発が、眼の進化に生じた新たな展開に起因すると考えられていることからも、眼がずばぬけて重要であることがわかる。無数の新たなタイプの生物が海中に出現したこの事件以降、よく見えれば見えるほど、安泰でいられるようになった。捕食者には捕食者の、被食者には被食者の眼が必要だ。

それから数億年後、蝶のすばらしい眼が登場した。昼行性の昆虫であるかれらは、驚くほど複雑な眼をもっていて、とりわけ太陽光がつくりあげる無限の色を知覚し、反応するのに特化している。三種類の錐体、あるいは「チャンネル」しかないわたしたちの眼は、情報のボトルネックに苦しめられる。わたしたちは数限りない色を見る能力を犠牲にして、精度の高い視覚を手に入れた。一方、蝶は別の道を選んだ。蝶の視界はぼやけていると、わたしたちは考えがちだ。けれども、蝶のなかには六種、七種、八種、あるいはそれ以上の色のチャンネルをもつ種もいる。かれらの世界はほとばしる色彩にあふれている。

蝶の眼はカメラ眼ではなく複眼だ。多数の「小さな眼」が集まり、ひとつの完全な眼を形成する。個眼と呼ばれるこの小さな眼は、複眼のなかに高度に組織化された構造をつくって並んでいる。新聞の写真のピクセルに似ていると言えば、概要はつかめるだろう。このため、蝶はわたしたちの脳がするように世界の像を構築しているわけではなく、むしろ世界をある種の色の「モザイク」として見ているのだろうと、研究者たちは考えている。ヒトにとって、物体の線や輪郭を知覚するのは必要不可欠だ。ヒトの脳には垂直線にだけ反応する細胞や、水平線にだけ反応する細胞がある。

そして、ここからが奇妙でとても面白いのだが、蝶の個眼のひとつひとつは、特定の色やその他の重要情報を知覚するツールキットを備えている。つまり、複眼のなかのある列の個眼は特定の色の有無に反応し、同じ複眼のなかの別の部分はまた別の色に反応する、といった具合だ。

一部の種については、さらに驚異的な色の知覚のメカニズムがわかっている。熱心な蝶愛好家でさえ見向きもしない、ありふれたモンシロチョウは、八種類の錐体をもっている。[8] とはいえ、すべてが色を検出するのに利用されるわけではない。少なくとも、わたしたちがふつう考えるようなおなじみの意味では。特定の波長の青を知覚したモンシロチョウは採食反応を示し、またメスが特定の波長の緑を知覚すると、産卵行動が誘発される。

このようにそれぞれに異なる感受性が、モンシロチョウの脳でどのように統合されるのか、あるいはそもそも統合されているのかどうか、まだ誰も知らない。蝶の色に対する反応はきわめて固定的であるようで、どんな反応をするかに関して、かれらには単に選択肢がないのかもしれない。

だが、ほかの種の蝶では、色に対する反応を学習し調整できることが示されている。[9] 驚くにはあたらないが、オオカバマダラはこちらのグループに属する。かれらが生涯のなかで遂行すべきタスクは、単純で固定的で機械的な行動ではなく、相当に複雑な意思決定を必要とするのだから、これは理にかなっている。数千キロメートルを移動し、多種多様な生態系をわずか数日のうちに通過する生物は、学習し行動を変えることができるはずだ。

生物学者のダグラス・ブラキストン、昆虫学者のアドリアーナ・ブリスコー、それに何人かの共同研究者たちは、まずオオカバマダラの色覚の詳細を解き明かし、さらにかれらが生得的な色に対する好みに、学習を通じた調整を加えることができると明らかにした。オオカバマダラがほかのどんな色より圧倒的に好むのはオレンジだ。黄色も好きだが、オレンジの比ではない。青はあまり好まない。そして、少なくともわたしには驚きだったのだが、赤にはそれ以上に無関心だ。

次に研究チームは、砂糖水の報酬を得るために好みと違う色を選ぶようにオオカバマダラを訓練した。[10] 砂糖水を黄色、青、赤という、本来あまり興味をもたないはずの色と関連づけたのだ。すると、ほとんどの個体はすぐに学習した。緑色と砂糖水の関連さえ学習できた。自然界で緑といえば葉であり、葉から蜜が得られることはないので、これは意外な結果だ。

たくましいアメリアの蝶の話を初めて聞いたとき、オオカバマダラはなんて賢いのだろうとわたしは思った。ブラキストンはどう考えているのだろう?

「昆虫界の天才といえば、誰もが思い浮かべるのはミツバチですが、わたしはオオカバマダラのメスにこそふさわしいと思います。メスは働くシングルマザーの典型です。ボストンで生まれたオオカバマダラは、たったひとりでメキシコに渡ります。わたしなんて、GPSを持っていてもここからメキシコまで行けるか怪しいものです」

知性こそオオカバマダラの最大の特徴なのだと、彼は言う。

「ボストンにいるうちは、ボストンに生えている植物が食料源です。でもノースカロライナに、そしてメキシコに移動すれば、食料は大きく変わります。どう対処すべきか、どうすればわかるでしょう?」

彼は自問自答した。「学習能力を備えた脳をつくることです」

ブラキストンたちは、オオカバマダラがどれくらい速く学習できるかを検証した。かれらはどんな手がかりに注目しているのだろう？

チームは人工の花に餌の報酬を仕込んだ。花はそれぞれ別々の色で塗られている。そこに蝶を放つと、蝶たちは餌があることを学習した位置を記憶し、すぐにそれに基づいて、さまざまな色の花を訪れるようになった。

「オオカバマダラの学習能力は、小さく単純な昆虫にしてはとても安定しています。とても興味深く、賢い生き物です。カエルを訓練する方がはるかに難しいですよ」

「かれらは新しいものごとの学習にとても長けています」と、ブラキストンは言い切る。「オオカバマダラの渡りルートにはたくさんの断絶があることが、こうした能力に寄与した大きな要因ではないかと、わたしたちは考えています」

わたしはまたアメリアの蝶のことを考えた。この一〇〇年のうちに激変したウィラメットバレーを、彼女は自在に行き来した。

「かれらがどれだけ柔軟で、どれだけ学習能力があるかを理解することはとても重要です。もし(行動が)生まれつき決まっているなら、容易に死に絶えてしまうでしょう。ですが、かれらはとても賢いとわかりました。なにしろ、いまではメキシコ湾にたくさんある船を利用して、船から船へと飛び石方式で海を渡るという、新しいルートを開拓したくらいです」

調べてみると、確かにオオカバマダラが船や石油掘削装置を休憩場所として使い、メキシコの山中へと向かう証拠写真がいくつも見つかった。ただし、石油掘削装置で休憩するのがいいことなのかどうかはまだ議論の余地がある。

北米のオオカバマダラは南へ向かう秋の渡りの最中、どんな行動をとるのか。もっと知りたいと思ったわたしは、カナダ国境付近からメキシコにあるかれらのお気に入りの山まで、文字通りついていくことにした。すでに述べたように、毎年秋になると数百万頭のオオカバマダラが南に向かう。渡りは八月下旬に一頭ずつ飛び立つところから始まり、やがて小集団ができ、次々に合流して雲のごとき大群へとふくれ上がる。米国とメキシコの国境を越える頃には、正真正銘の色彩の大河となって、陽射しを浴びて輝く。

少なくとも、かつてはそうだった。

第14章　バタフライ・ハイウェイ

庭に草木を植えることは、明日を信じること。
——オードリー・ヘプバーン

二〇一八年の八月下旬のある日、わたしはウィスコンシン大学の「蝶のための樹木園」のベンチに座っていた。絵に描いたような晴天の日で、気温はからりと気持ちのいい二三℃。空は一片の曇りなく澄みわたり、果てしなく先まで見渡せる。霊長類はこんな日のために生まれてきた、と言ってもいいくらいだ。

点在するバーオークの葉の間を抜けて、そよ風が漂う。鳥たちは遅めの昼食をとっている。ミツバチは忙しく蜜を蓄え、コオロギの声が秋の訪れを告げる。わたしは満たされていた。頭に浮かぶことを書き留めていると、蝶たちが午後の陽射しの下をひらひらと飛んでいった。翅に小さく輝く構造色の青をあしらったアゲハチョウの仲間が、アザミの紫の花を味わっている。オオカバマダラはそこらじゅうにいて、吻から栄養を吸収し、腹部に貯めて、南への長い旅に備えている。すでに集団ができはじめていて、かれらは交流しねぐらをつくりつつ、メキシコへと向かうためのちょうどいい風を待っていた。

まるで一九三〇年代のディズニーのアニメ作品のなかに迷い込んだような気分だった。鳥たちのさえずりと、間の抜けた音楽があれば完璧だ。ウォルト・ホイットマンのいう「蝶の楽しき時」。丈の高い草がさざめく音を聞き、暖かく暑すぎない陽射しを浴びて、何の不満も抱きようがなかった。わたしにしては珍しい。心配事がないなんて、どこかおかしいんじゃないかと思ったが、そんなことを考えるのもやめにした。「光に酔おう」と、かつて新印象派画家のジョルジュ・スーラは述べた。彼の言わんとしたことを、わたしは完璧に理解した。日光をめいっぱい食らったわたしは動けなかった。至上の幸福だ。

快晴のマディソンの街には不運なことに、このつい前日、ケーン郡は豪雨に見舞われ、ノアの洪水のようなありさまだった。嵐は二四時間に四五〇ミリメートルもの雨を地上に叩きつけた。悲しいかな、鉄砲水に押し流されて一人が亡くなった。

街のインフラは限界だった。空港の列で出会ったある女性は、一家揃って家から避難したのだけれど、冠水のせいではなく下水が逆流したからだと、わたしに話してくれた。地下室で下水がブクブク噴き出している状態だったという。

地球規模の気候変動のせいもあり、湖の水位が上がって、マディソンが位置する地峡は水浸しになった。明日にはまた別の嵐が到来するという。幸いわたしは翌朝早くの飛行機に搭乗予定だった。沈む船から逃げるネズミのように。

わたしの来訪の目的は、樹木園の新しい管理責任者、カレン・オーバーハウザーに会うことだった。米国のオオカバマダラ研究の権威にして、影響力のある学校教育プロジェクトの創設者だ。オーバーハウザーはつい最近、長く率いてきたミネソタ大学のオオカバマダラ研究室を退官したばかりだった。リンカーン・ブラウワーの教え子である彼女は、キャリアの大半をオオカバマダラ研究に捧げ、この種の個体数回復をめざす共同研究グループ[1]「モナーク・ジョイントベンチャー」の理事に名を連ねる。こうした功績が認められ、オバマ政権下のホワイトハウスは彼女を「チャンピオン・オブ・チェンジ」のひとりに選んだ。

そんな経歴を考えれば、設立から一〇〇年近いこの樹木園に、彼女がやってきたのは変革のためだと知っても驚きはないだろう。マディソンの樹木園はウィスコンシン州のさまざまな生態系のショーケースとして設立されたもので、これまでオオカバマダラの保全には力を入れてこなかった。だが、オーバーハウザーがトップに就任してからわずか数カ月で、すでに明らかな変化が起こりつつあった。この樹木園はジョイントベンチャープログラムに参加する最初の施設となった。ビジターセンターでは蝶の保全に関する情報が豊富に提供され、そこから一歩外に出れば、たくさんの生きたオオカバマダラが南への旅に備えて花蜜で腹を満たしている。ほかのオオカバマダラの専門家たちも、まもなくオーバーハウザーに加わる予定だ。

わたしたちは五〇〇ヘクタール弱の保全研究区画のあちこちを歩き、植物を観察し、未曾有の大雨がもたらした（一部は深刻な）損害を目の当たりにした。樹木園の池のひとつを取り囲む、というか「かつて取り囲んでいた」道路の一部が大きく削り取られていた。秋にも雨が続けば、さらに道路が消失してもおかしくない。

オーバーハウザーは樹木園への降水の影響を懸念していた。けれども現段階では、むしろ中西部と東海岸の広範囲を襲った大雨のおかげで、二〇一八年のオオカバマダラの渡りは、ここ数年で最大級になることが確実となった。少なくとも中西部では、異常気象は植物に有利にはたらき、見事な成長をとげた。こうして花は平年以上に蜜を蓄え、蝶たちの食料事情は安泰で、かれらはさかんに繁殖し、大量の幼虫が誕生した。

加えて、南に向かうオオカバマダラの中継地の生息環境も改善された。西部、東部、中部という北米の主要な三つの渡りルートのうち、最大のものが中部の「セントラル・フライウェイ」だ。北のカナダ国境から、西はロッキー山脈の東端、東はアパラチア山脈までの広範囲の個体が集まってくる中部の渡りは、まるで大陸の三分の二を占める巨大なじょうごだ。

渡りの開始時期になると、オオカバマダラは最初は二、三匹、やがて一〇匹、二〇匹、最終的には数千匹で集結し、すでに述べたように社会性を獲得する。大陸中央部の五大湖北岸では、オーバーハウザーとわたしが歩きながら話している間も、八月の暗い夕方の直前にこのようなねぐらがフラッシュモブのように形成され、翌日朝一〇時ごろには消失していたはずだ。

カナダでは、二〇一八年のねぐら形成の一部が人々の騒ぎを引き起こした。数百匹の蝶が集まっているという噂が広まり、大勢の人々がこの壮観を一目見ようと集まってきたのだ。まさにパーティーだ。蝶たちはおあつらえ向きの風が吹き、気温が下がると、舞い上がり姿を消した。

わたしがオーバーハウザーを訪ねた数日後の九月五日には、少なくとも一部の個体がエリー湖を無事に超えた。こんなことが言えるのは、ペンシルベニア州エリーで多くのオオカバマダラの観察記録と写真が報告されたためだ。シチズン・サイエンティストによる発見が投稿される、一九九四年にスタートした「ジャーニー・ノース」プロジェクト(2)のウェブサイトは、アネンバーグ財団の助成を受け、現在は規模を拡大して南への渡りも記録している。

プロジェクトを運営するエリザベス・ハワードは、インターネットを通じた保全意識の啓発と市民参加の拡大をめざしている。発足以来、プロジェクト参加者は指数関数的に増加し、いまでは数千人がねぐらだけでなく、携帯電話のカメラで撮影した個体の情報も活発に投稿している。ウェブサイトをチェックすれば、オオカバマダラの春の北への旅と、秋の南への旅を誰でもフォローできるのだ。

わたしがハワードと電話で話したのは二〇一八年の渡りの最初の時期で、彼女は興奮気味にまくしたてた。

「こんなにわくわくする年は初めてです。もう何年もずっと、こんなことはありませんでした」と、彼女は言った。「どの繁殖地の住民も、地元での個体数はすばらしく多いと話しています。すべての指標が絶好調のシーズンだと告げています。今年の個体数は最低でも、去年の四倍に達しています」

どうしてそんな当たり年になったのだろう？　わたしは尋ねた。

「繁殖期がこれまででもっとも早く始まりました。蝶たちは早春には戻ってきていたんです。おかげで六月にはもう、ふだんなら七月まで見かけないいくらいの数になっていました。そのあとも個体数は増加の一途をたどりました。いまは平年よりもまる一世代多い状態です」

南への旅はいつでも多難だ。かれらは可能なかぎり中継地で栄養補給する。ジャーニー・ノースのある投稿によれば、以前にタグ付けされた一匹のオスは、カナダの湖の北岸に数日とどまっていたという。彼は秋に咲く花の蜜で腹を満たした。最初にタグ付けされてからのちに再捕獲されるまでの一週間で、体重は五〇％以上も増加していた。南への旅にどれだけ花蜜が重要かがよくわかる。

別のオスは、午前一〇時にタグ付けされてから、四時間後の午後二時に再捕獲されるまでに、体重を三四％も増やしていた。何を食べていたのであれ、彼はきっとバタークリームのフロスティングを塗ったダブルチョコレートケーキの蝶バージョンを見つけたのだろう。アイスクリームも乗っていたかもしれない。

渡りの最中のオオカバマダラがこんなに大食らいな理由はただひとつ。かれらには燃料が必要なのだ。風に乗るというと優雅に聞こえるが、実際には大量のエネルギーが必要だ。食料が手に入るときには食べられるだけ食べておくに限る。もうひとつの理由として、メキシコ山中の越冬地に到着したときにエネルギーの貯蓄を使い果たした状態だと、冬の試練を生き抜けないおそれがある。

寒空の下で身を寄せ合う間、かれらは断食を強いられる。ミチョアカン州の山間部、標高三六〇〇メートルのオオカバマダラ生物圏保護区には、ほとんど食料がないのだ。かれらはここで少なくとも二月まで生き延び、それから北へと戻る旅をスタートする。

そこでオオカバマダラの支援者たちは、「バタフライ・ハイウェイ」プロジェクトを開始した。セントラル・フライウェイ一帯で、州、地方自治体、園芸家、農家、不動産所有者など、興味のありそうな相手なら誰彼かまわず声をかけ、蜜をつくるさまざまな花を植えてもらったのだ。できれば一部の花は数種のトウワタが望ましい。これは春に北に向かうメスに産卵場所を提供するためで、南への旅に関しては、在来種の寄せ集めで十分だ。セイヨウフジバカマ、アキノキリンソウ、フジウツギ、ヤナギトウワタ、バーベナ、シオンなど、候補は広い。産卵にはトウワタが必要不可欠だが、蜜を求めるオオカバマダラはさまざまな種の花を訪れる。

オーバーハウザーとわたしは、彼女のオフィスで今年のオオカバマダラの個体数について話した。彼女の興奮ぶりに、わたしもつられた。

「今年は大当たりです。秋の渡りがうまくいけば、しばらくは安泰でしょう」

それでも彼女は慎重だった。圧巻のこの夏が壮大な南への渡りにつながり、メキシコで膨大な数のオオカバマダラが越冬する結果になったとしても、人々に愛されるこの蝶の将来が保証されるわけではないと、彼女は考えていた。

「個体数は変動するものです。それも大幅に」と、彼女は言う。

渡りの暫定的な目撃証言も期待のもてるものだったが、彼女によれば、メキシコの越冬地に到着するまで個体数の確実な推定はできない。ヒメシジミ類と違って、オオカバマダラに本拠地と呼べる場所はない。そのため当年の個体数を推定するベストな方法は、メキシコ山中の越冬ねぐらの広さを推定することだ。

数値はこの地域で蝶が集合している木々が生えている面積（ヘクタール単位）として表現されるが、これも推定でしかない。越冬期間中も、オオカバマダラはずっと同じ場所をねぐらにするわけではないからだ。それでも、この占有面積は研究者の手元にあるもっとも信頼できるデータだ。

一九九四〜九五年の冬以来、この方法で記録がとられてきた。一九九六〜九七年の占有面積は約二一ヘクタールだった。だが、翌年はわずか五・七七ヘクタールと、七五％も減少した。

一度の減少は必ずしも警戒すべき事態とは限らない。オオカバマダラの個体数は変動が大きく、スーパーボールのように乱高下するからだ。昆虫において、個体数の極端な年次変動は例外ではなく、むしろ通常だ。だが、約二五年にわたりメキシコの越冬地で記録されてきた面積データからは、変動を抜きにしても、明らかな減少傾向が見て取れる。最大の危機が訪れたのは二〇一三〜一四年の冬で、占有面積はわずか〇・六七ヘクタールという惨憺たる状況だった。

数字がこれほど小さくなると、一度の異常気象でセントラル・フライウェイの全個体群が壊滅するおそれがある。そんなできごとはすでに現実に起こっている。二〇一五年の秋の渡りの最中、蝶たちが山に向かっているまさにそのタイミングで、ハリケーン・パトリシアがメキシコに接近した。両者の進路は交差するかに思われた。

パトリシアの風速は時速約三五〇キロメートルに達し、住民や観光客は避難を開始した。オオカバマダラの支援者たちは不安に駆られた。「クリップほどしかない昆虫がどうやってハリケーンを生き延びられるだろう？」と、メキシコのある新聞は問いかけたが、オオカバマダラのファンの多くも同じ気持ちだった。だが、パトリシアはメキシコ西海岸に上陸すると勢力を失った。同時にオオカバマダラは渡りのルートをずらした。迫り来る嵐に気づいていたようだ。東シエラマドレ山脈の峡谷など、隠れ家を見つけて逃げ込んだのかもしれない。

だが、二〇〇二年一月の別の天災のときは、これほどうまく回避できなかった。通常、この時期の越冬地は乾燥しているのだが、この年は雨が降り、蝶たちのいる高標高地では雪に変わった。氷点下の冷え込みが三夜続き、メキシコの高山林で身を寄せ合って体を温めあっていた蝶たちだったが、外温性の昆虫には耐えきれなかった。観察する人々の目の前でオオカバマダラが枝から地面へと落下しはじめ、翅をぼろぼろにして低温ショックで横たわり、あるいは息絶えた。雨と雪に濡れてさえいなければ、寒波に耐えられただろうと、研究者たちは考えている。湿度と氷点下の冷え込みが、致命的なダブルパンチになったのだ。

二〇一八年一〇月、わたしはボランティアたちと一緒に、オオカバマダラの中継地のなかでも飛び抜けて変わった場所を歩き、蝶を探した。わたしが訪れたありえないような場所は、オハイオ州南東部でNPOが運営するザ・ワイルズ（The Wilds）[3]。謳い文句によれば、サファリパークと保全センター、それに生きた実験室を兼ねた施設だ。

ザ・ワイルズでガイド付きバスツアー「サファリライド」に参加すれば、四〇〇〇ヘクタール近い敷地内を闊歩するエキゾチックな動物たちを観察できる。ここにはグレビーシマウマ、シロサイ、アジアロノバ、シロオリックス、モウコノウマといった絶滅危惧種が飼育されている。追加料金を払ってバックヤードツアーに参加すれば、飼育員と話すこともできる。遊歩道で乗馬も体験できるし、釣りやモンゴル式テントでの宿泊、ハイキングやサイクリングも可能だ。

ザ・ワイルズには復元されたすばらしい蝶の生息地がある。二〇〇四年以来、ボランティアと職員が定期的に同じ直線ルート（ライントランセクト）を何度も歩いて調査をおこなってきた。わたしも調査に同行し、ライン上とそこから左右四・五メートルの幅にいる蝶を探した。誰かが蝶を見つけると、種名を叫び、記録係がそれを書きとめる。

「オオカバマダラ」。誰かが叫んだ。

「わあ、綺麗」と、別の誰かが言った。

本当だった。翅は濃いオレンジで、赤といってもいいくらいだ。真新しくフレッシュに見えたのは、数日前に羽化したばかりだからかもしれない。このエリアには何年も前にトウワタの一種スワンプミルクウィードが植えられ、いまも旺盛に育っている。

オオカバマダラは花から花へと飛び回り、南への旅に向けて燃料補給していた。食料はよりどりみどりだ。アキノキリンソウはそこらじゅうにあり、紫と白のシオンが背の高い草の合間から顔を出している。開花時期を終えつつあるバレンギクもまだ少し残っている。一部のトウワタは引き続き咲いていて、無数にある空になったさやを見るかぎり、来年も豊作になりそうだ。

わたしたちは蝶の桃源郷を歩いていた。モンシロチョウはもちろん、カバイロイチモンジ、セセリチョウ、キチョウ、それにカーナーブルーの親戚のイースタンテイルドブルー *Everes comyntas* も見ることができた。

種多様性の高いこのプレーリーでは、さまざまなできごとが同時に起きていた。靴はしっかりしたものを、と言われていたので、わたしは着いたときロータイプのアンクルブーツを履いていた。だがガイド役で復元生態学ディレクターのレベッカ・スワブは、一目見て首を横に振った。幸いわたしは、いつどんな冒険に出くわすかわからないからと、カヤックシューズ、ビーチサンダル、ライダーブーツにスニーカーと、あらゆるタイプの靴を車に積んでいた。

この日は周到さが役立った。わたしは重いレザーのレースアップブーツを引っ張り出した。本格的な奥地に行くときに履くようなタイプだ。さすがにやりすぎかと思ったが、スワブは「合格」と言うようにうなづいた。これくらいでちょうどいいと知るのに長くはかからなかった。歩く距離こそ一・五キロメートルほどだったが、その大部分がぬかるみと手に負えない沢だったのだ。最近になってビーバーがこの場所を見つけ、せっせと仕事にはげんだおかげだ。わたしたちは気軽な観光客向けの「文明的な」遊歩道を離れ、ちょっとした森を抜けて、湿地帯に入った。地面はビーバーの残したごみでいっぱいだった。木屑、切り株、かじった枝。才気あふれる自然界のエンジニアと、一帯で夏じゅう降りつづいた雨のおかげで、湿地は以前の境界線をはるかに超えて拡大していた。

かつてのちょっとした橋、いまではただの沈みかけた倒木を渡って、わたしたちは沢を越えた。ぬかるみを抜けるのには苦労した。ビーバーはこの蝶の生息地の大部分を占拠していたが、それはけっして悪いことではない。カエルが鳴いていた。ホースバーム［訳注：芳香で知られるシソ科の多年草］がそこらじゅうに自生している。ノラニンジンも元気だ。進化途上のこの生態系には、いずれますます多くの鱗翅目が棲みつくだろう。

この自然「公園」は活気に満ちていた。生物はみな本来の生き方を貫き、ヒトが定めた間違った制約のなかに収まることを拒んでいた。ヒトが沢や池をある場所にとどめておきたいと思っていようが、ビーバーはお構いなしだ。ザ・ワイルズの職員たちは、ビーバー主導の自然の遷移をそのまま見守った。蝶にとってはすばらしい幸運だ。ビーバーが生み出した湿地の周縁部は、どこも顕花植物でいっぱいだった。

けれども、ここにあるものはどれひとつとして、最初から意図されていたものではない。四〇〇〇ヘクタール近い公園全体が、かつては露天掘り鉱山だった。ペンシルベニア州南西部で露天掘りの最盛期に育ったわたしにはおなじみの光景だ。当時は鉱山会社が好きなだけ露天掘りを実施できた。表土を削りとって地下資源を採掘するこの方法が、業界のスタンダードだったのだ。

露天掘りがおこなわれた土地を復元するには、根気が必要だ。だからこそ、長い年月をかけて慎重に回復の取り組みがおこなわれてきた、ザ・ワイルズの蝶生息地には特別な意味がある。この小さな準復元地のプレーリーに分布する多種の蝶の存在は、どんなに荒廃した土地でも環境改善は可能だという教訓を伝えている。荒廃した土地に真に癒しをもたらすのは時間だけだが、ヒトの努力が報われる見込みはけっして小さくない。オオカバマダラ、モンシロチョウ、アメリカモンキチョウ、ワタリオオキチョウ、パールクレセント *Phyciodes tharos*、デラウェアスキッパー *Anatrytone logan* はここでは普通種だ。グレイヘアストリーク *Strymon melinus*、アオジャコウアゲハ、メスクロキアゲハ、クスノキアゲハ、ギモンフタテハ、オオアメリカギンボシヒョウモンも見られる。

露天掘りで除去された表土に固定されていた炭素が回復するには、数千年の歳月が必要だろう。炭素がなければ、蝶もほかの昆虫も、それ以外の動物相も姿を消す。

炭素がなければ植物はなく、植物がなければ動物も、ヒトも生きられない。単純な話だ。

同じ頃、バタフライ・ハイウェイのあちこちで、興奮気味の観察報告が相次いでいた。オオカバマダラの個体数は記録的なものになりそうだった。カンザスとコロラドの州境では、九月中旬にはすでに五〇〇頭の集団で木にとまっているところが観察された。「こんなにたくさん見たのは初めて」だと、オクラホマ州クレアモアのある参加者は一〇月五日に述べた。ほぼ同時期、テキサス州ロープビルでは一週間のうちにオオカバマダラが集結するところが観察された。「この上なく美しい」と、近くの町のある参加者はコメントした。

一〇月中旬までに、テキサスとの州境に位置するニューメキシコ州ホッブスでは、数千頭が墓地をねぐらにしていた。テキサス州アビリーンでは数百頭が樹上で休んでいる光景がみられた。観察報告によれば、ここは長年利用されている場所だという。蝶たちは「収束」しはじめた。メキシコに近づくにつれ、集団は加速度的に大きくなっていく。国境を越えてメキシコに入る頃には、蝶の奔流と化していた。

わたしが向かっていたタルサでは、地元紙が「数十万頭」の通過を報じた。「蝶が戻ってきた!」と、オクラホマ保全連合が発表した。タルサのすぐ南のビクスビーでは一〇月六日、あるシチズン・サイエンティストがジャーニー・ノースに次のように報告した。「東から西まで、北から南まで、一〇倍の双眼鏡で見渡すかぎりオオカバマダラでいっぱいだ……風に乗って順調に南に向かっていて、いつどこを見ても二〇~四〇頭が視界に入る」

一方、西部と東部のルートでは事情が違った。ワシントン州のデヴィッド・ジェームズは、カリフォルニア沿岸の越冬個体群の惨状を記録していた。「こちらの個体数がなぜこんなに少ないのか、誰もわからないんです」と、彼は言った。

前年の冬を生き延びた蝶たちの子世代は「いまひとつ」だったと、彼は続けた。「わたしたちは毎年五月末のメモリアルデイに、カリフォルニアとオレゴンの州境にあるスポットを訪れます。この個体数は過去五年で最低でした。明らかに何か問題があります」

前年に猛暑のなか訪れたクラブクリークでは、二〇一八年の夏を通して、ジェームズは一匹もオオカバマダラを発見できなかった。「一匹もです。まったく飛来しませんでした。ワシントン州には来ましたが、州境のあたりだけです。ワシントン州中部全体を見渡しても、信頼できる目撃情報はありませんでした」

この年もワシントン州を襲った山火事と関係があるのだろうか？　わたしは尋ねた。「（調査したのは）六月の、火事の前の話です」と、彼は答えた。「来なかったとしか言いようがありません」

だが、ロッキー山脈の東側ではいいニュースがあった。わたしはペンシルベニア州で蝶の観察を続け、「生涯オオカバマダラ一筋」を自称する、ゲイル・ステフィに話を聞いた。彼女は一三歳のとき、家の近くの空き地でオオカバマダラの幼虫を見つけ、羽化させて放した。

一四歳になった彼女は、弟と一緒に行った地元の図書館でオオカバマダラの本を見つけた。本の奥付にはフレッド・アーカートの名前と住所が書かれていて、読者に標識プログラムへの参加を募っていた。彼女は手紙を書いたが、アーカートからの返事は、プログラムは終了したというものだった。

そこでステフィはオリジナルのタグと標識プログラムをつくった。タグには私書箱の宛先を書き、見つけた人が連絡できるようにした。やがて彼女は手紙を受け取った。それもメキシコから！　そうして四〇年が経ったいまも、彼女は変わらず蝶に夢中だ。現在は有力なNPO「モナーク・ウォッチ」（団体については後述）のタグを使い、オオカバマダラの個体数カウントとタグ付け、トウワタやその他さまざまな花の植栽を毎年おこなっている。

ステフィは最近、三〇年分のオオカバマダラのデータを論文にまとめたばかりだ。「数字を分析してみると、早い時期に渡る個体は、あとの時期と比べて成功率がより高く、より大柄で、またオスの割合が高いことがわかりました」。面白い発見だ。

「メスはふつうオスよりも小さいので、そのせいかもしれません」と、彼女は言った。

彼女によれば、自身の観察結果から、この年のロッキー山脈以東のオオカバマダラの個体数はかなり多くなりそうだが、南への渡りの中継地としてよく知られ、平年なら数日滞在して花蜜を補給するニュージャージー州ケープメイには飛来がなかったという。絶好の風が吹いたおかげで、蝶たちは休憩なしにチェサピーク湾の西岸を南下したようなのだ。

どうしてこの夏はそんなに個体数が多かったのだろう？

「雨です」と、彼女は即答した。多量の雨が植物にとって恵みとなり、開花をもたらしただけではない。夏の間に何度か収穫される牧草地で、収穫の頻度が減ったのも理由のひとつだ。

「雨にはいい面も悪い面もあります。わたしの知っているある牧草地は水浸しになり、すべて流されてしまいました。いい面は、路肩や牧草地が水浸しになり、草刈りができなくなることです」。

またしてもわたしの知らなかった要因だ。

数年前、ステフィは悲劇に見舞われた。数十年にわたってモニタリングを続けてきた、サスケハナ川沿いの二地点（発電所と道路工事現場）が、除草剤散布で壊滅してしまったのだ。

彼女は勤めている会社から助成金を得て、サステナビリティ担当部署の同僚たちとともに、送粉者のために二〇〇〇本の植物を植える活動をおこなっている。彼女の自宅の庭も蝶が好む植物でいっぱいだ。

「わたしは自分自身のハビタットをつくっているんです」と、彼女は言う。

一〇月下旬にタルサに着いたとき、数十年前の石油価格の暴落で受けた大打撃からゆっくりと立ち直りつつあるこの街は、まだオオカバマダラであふれていた。渡りのシーズンは終わりに近づいていたが、依然として飛来する蝶はあとを絶たなかった。ある日の午後、個人財団の出資で設立されてまもない川沿いの公園「ギャザリング・プレース」を歩いていたわたしは、三〇匹以上のオオカバマダラが花から花へと飛び回り、メキシコまでの最後のもうひと頑張りのために燃料補給しているところに出会った。その近くでも、オオカバマダラやその他のさまざまな蝶が、世界的に有名なギルクリース美術館の敷地にまだ豊富に咲いている花の蜜を味わっていた。蝶への採食場所の提供に関して、タルサはすばらしい成果をあげている。

市の境界の外ではバタフライ・ガーデンが少ないため、蝶の数も減るが、それでも姿は確認できた。北に一時間ほどのオーセージ・ヒルズにある、ネイチャー・コンサーバンシーが運営する面積一万六〇〇〇ヘクタールのトールグラス・プレーリー保護区では、すでに植物のほとんどがしおれていた。この広大な保護区にはたくさんのバイソンがのし歩き、四種のプレーリーグラスが繁茂する。そのうちの一種、ビッグブルーステムは場所によっては草丈二・七メートルに達し、約一〇〇種の蝶たちの隠れ家となっている。ナボコフが愛したあの繊細なヒメシジミ類は、少なくとも九種が生息していて、マリンブルー *Leptotes marina*、ウエスタンピグミーブルー *Brephidium exilis*、イースタンテイルドブルー *Cupido comyntas*、スプリングアズール *Celastrina ladon*、サマーアズール *Celastrina neglecta*、シルバリーブルー *Glaucopsyche lygdamus*、ジャックシルバリーブルー *Glaucopsyche lygdamus jacki*、リーカートブルー *Echinargus isola*、テキサスブルー *Plebejus lupini texanus* が春から晩秋までのシーズンを通じて観察できる。

わたしの眼には開花時期は過ぎているように見えたが、最後の渡りの波のオオカバマダラは食料を探していた。あと一日かそこらでテキサスとの州境までたどり着かないと、寒さで早死にすることになるのだと、オオカバマダラ研究者のチップ・テイラーが教えてくれた。まだ一一〇〇キロメートル以上も残っているというのに、ルート上の栄養豊富な花はすでにほとんど枯渇している。後発組の先行きは明るいとは言いがたい。

わたしが来た目的は、オクラホマだけのユニークなイベント、「送粉者のための部族連合」[4]の会議に出席することだった。二〇一四年に発足した連合には、現在州内に居住する三九の先住部族のうち、チカソー、セミノール、ポタワトミ・シチズン、マスコギー（クリーク）、オセージ、東部ショーニー、マイアミ・ネーションズの七部族が参加している。連合の目的は、居住地における在来植物の生息地の復元をめざす部族に資金援助、研修、支援をおこなうことだ。

三日間の集会は散策から始まった。冬を間近に控えどんよりした空の下、八一歳のテイラーと、セネカ＝カユガ・ネーションのメンバーである三一歳のアンドリュー・ゴードがわたしたちのグループを率い、広さ数エーカーの野原を案内した。保護区は州の北西端、「グリーン・カントリー」と呼ばれる地域に位置するが、景色はすでに茶色く冬支度を済ませていた。だが、茶色く枯れた植物もこれはこれで興味深い。テイラーとゴードにとって、この数エーカーは底なしに深い金鉱であり、果てしなく広大な迷宮なのだ。

わたしは約束の地にたどり着いた心地だった。この二年間、荒れ果てた状態から大きく改善した蝶の生息地や、危機をくぐり抜けた土地を訪れてきた。オハイオ州の露天掘り跡地、ウィラメットバレーの活気を取り戻した農場、ニューヨーク州オルバニー近郊のマツが点在する荒地。そしてついに、ヨーロッパ人の入植前の風景の面影をとどめる場所に来ることができた。

この土地は正真正銘の本物だ。土壌微生物学者のニコラ・ローレンツが言うには、こうした土地が進化するには数千年の歳月を要する。人類が知る限り、この土地は何十年も、何百年も現在のままの姿を保ってきた。

「掘り返されることも、耕されることもなく」と、ゴードはテイラーに言った。

「オクラホマをドライブするとき、この土地のことを思い出してください」と、テイラーは散策の前に集会で語った。「かつての（ホームステッド法の前の）風景がどんなものだったか。いまはまったく違う姿になっています」

テイラーは初めからオオカバマダラ研究者だったわけではない。以前はミツバチを研究していて、のちに対象を変えた。リンカーン・ブラウワーとともに、彼はオオカバマダラの渡りの研究を始めた。現在はカンザス州のある大学の名誉教授であり、ロッキー山脈の東側で蝶に付けるタグをボランティアに提供するNPO「モナーク・ウォッチ」[5]の創設者兼代表でもある。一九九二年にスタートしたテイラーのプログラムは現在、毎年四万個のタグをボランティア（ゲイル・ステフィもそのひとりだ）に配布するとともに、渡りのルート上に花いっぱいの「オオカバマダラの道の駅」の植栽を奨励している。タグ付きのオオカバマダラがメキシコで発見されると、モナーク・ウォッチはタグ一個につき五ドルを支払い、データをチェックして、北米のどこで最初に標識された個体かを確認する。

プログラムを通じて、それまで知られていなかったオオカバマダラの行動に関する膨大なデータが手に入ったと、彼は言う。「非常に貴重なデータです。渡りを完遂できる個体のサイズ、出発地、死亡率、方向定位、保全といった、ありとあらゆる問いの答えが詰まっているのです」

テイラーいわく、これまでにモナーク・ウォッチは一六〇万点のデータを集めた。分析すべき情報量はとてつもなく、時間はまったく足りない。テイラーは驚くほど多忙な講演スケジュールをこなしている。一〇月下旬から年末までにあと五つのイベントが予定されていて、休みは感謝祭とクリスマスだけだ。このときはちょうど、北米送粉者保護キャンペーン国際会議で特別賞を受賞し、オオカバマダラの標本を閉じ込めた優美なガラス文鎮を手に、ワシントンDCから戻ったばかりだった。

副賞を嬉しそうに見せてくれた彼だったが、疲れも見て取れた。

どうしてそこまで努力を続けるのかと、あとでわたしは尋ねた。

「追い出されるまでやり続けない理由なんてありますか?」と、彼は聞き返した。「わたしたちは何のためにこの地球上に存在するのでしょう? ただの自己満足? 世界をよりよい場所にするために努力することに充実感を覚える人もいますよね。それがわたしの出発点です。できるかぎり長く続けますよ。この仕事が好きですから」

州内のたいていの場所では、どんなにがんばって探しても、ひとつの土地区画からせいぜい一〇～一五種の植物を見つけるのがやっとだと、テイラーは話す。一方、健全なプレーリーの区画に生育する植物種は優に一〇〇種を超える。改変された土地の植物は根がとても浅く、地下深くまで貫入していない。ときに干ばつが数年にわたって続くオクラホマでは、これは致命的だ。

このセネカ=カユガ族の土地で、わたしたちは歩きはじめて数分で少なくとも四〇種の植物を見つけた。多くは地中深くに根を伸ばし、その長さは二、三メートルから、ときには六メートルにも達する。おかげでこれらの植物は干ばつに強い。現代の根の浅い草では届かない、帯水層を利用できるからだ。

「この野原の多様性を見てください」と、テイラーは続けた。「この途切れない多様性が、かつてはきっとオクラホマ全体に広がっていたのです」

あるいは北米中央部を覆う長草プレーリー全体がそんな風だったのかもしれない。深く根を張った土壌を耕起するには、どっしりして筋肉質な農耕馬が三〇頭も必要だった。地面から引きはがされた草は、「ソッドハウス」と呼ばれる家の建材に使われるほど分厚く、根の断熱効果で家の中は冬は暖かく、夏は涼しく保たれた。現代の貧弱で根の浅い草では、こんな家はつくれない。

テイラーは手を伸ばし、「ラトルスネーク（ガラガラヘビ）マスター」と呼ばれる植物の茶色い実から種子をいくつか取り出した。高さ一・五〜一・八メートルに達し、ユッカやイバラのような棘だらけの葉をもつ、アザミに似たこの植物は、送粉者にとっては見逃せないごちそうだ。次に彼は、二種のミントとコンパスプラントを指差して言った。「このように、ずっとそのままの状態を維持してきた野原でしか見られない植物が、六種から一〇種ほどあります。こうした植物の種子はあまり移動しません。洪水や鳥によって運ばれることがないのです」

「この土地はまさに聖地です」と、ゴードは言う。「セネカ＝カユガ族が所有する土地の一部で、まったくの手付かずです。丘の上だったおかげで伐採を逃れました。一八三一年にわたしたちの先祖がここに来たときも、きっとこんな風景だったはずです」

連邦政府がインディアン家族向けの土地分配プログラムを創設したのは一八八七年のこと。かれらが土地を望んでいるかどうかを問わず、部族のメンバーには一定の区画があてがわれた。わたしたちが歩いている土地は、オザーク山地の裾野に広がるカウスキン・プレーリーの一部で、ホワイトツリー家に割り当てられたものだと、ゴードは説明した。ホワイトツリー家は土地をそのままの姿で残すことを望み、与えられた八〇エーカーのうち二〇エーカーだけで農業を営んだ。

保護区の残りの部分は、残存するプレーリーも含め、単に見放された土地だ。土壌は岩石を多く含み、また傾斜地であるため造成が必要だった。森林が徐々に進出してきていたため、伐採も必要だった。現代資本主義の観点からは無価値な土地で、誰も欲しがらず、誰も手をつけなかった。こうした背景のおかげで、この土地は金銭では測れないかけがえのない場所として、二一世紀を生きる人々のお手本となったのだ。

「そこから東にまっすぐ歩けば、放牧され耕作された土地が広がっていて、このような美しさには出会えません。南に行けば、トウモロコシ畑や植林地などに豊かなプレーリー土壌が利用されています。復元や保全の計画はありません。この土地が生き残れたのは、単純に魅力がなかったおかげなんです」

だが、将来もこのまま生き延びられるだろうか？　ここは国の宝であり、どんな貴金属よりも価値がある。ゴードもわたしも同意見だ。

カリフォルニアでは、渡りシーズンの終わりまでに、土地にも蝶にも思いを馳せるどころではない状態になってしまった。山火事が州全土の数万エーカーを焼きつくし、前年の被害がキャンプファイヤー程度に思えるほどだった。山裾の貧困層の住宅も、パラダイスなど皮肉な名前のついた街も、裕福な有力者たちの壮麗な住宅が立ち並ぶマリブも、みな炎に飲み込まれた。大火が鎮まるまでに、一〇〇人近い人々が命を落とし、一〇〇〇人近くが行方不明となった。サクラメントの北のビュート郡では六万ヘクタール以上が焼失し、二万戸以上の建物が破壊された。火災が急速に広がった原因は、近年の気候危機にある。西海岸で異常干ばつが続くなか、ロッキー山脈の東側では秋の降水量が観測史上最高を記録した。

カリフォルニアの蝶の渡りに何が起きたのかは誰にもわからない。明らかなのは、かれらが目的地に到達できなかったことだけだ。二〇一八年の感謝祭カウントを終えて、オレゴンのザーシーズ・ソサエティは西部個体群が全体で八七%減少したと発表した。西部個体群は「危機的な低水準」にあると、かれらは宣言した。

二年前にガイドが子どもたちに蝶のハネムーン・ホテルの話を聞かせていた、そしてキングストン・レオンとわたしが初めて出会ったピズモビーチは、ずっと昔から数万の蝶が越冬する場所として親しまれてきたというのに、この年はわずか八〇〇頭のオオカバマダラしか姿を見せなかった。モロ・ベイ・ゴルフコースでも、見つかったのは二五八七頭にすぎなかった。

「劇的な減少の理由はわかっていません」と、レオンは言った。彼は夏のワシントン州とカナダでの大規模な火災、それに秋の渡りの最中に起こったカリフォルニアでの火災が重要な要因だと考えていた。レオンが以前発表したある研究では、蝶が「きわめて煙に敏感」であることが示されている。

「つまり、秋に発生した火災は沿岸部の越冬地への渡りに影響を及ぼす可能性があります」。研究者たちはいまも答えを探している。

テキサスとメキシコの境で、渡りの旅は中断を余儀なくされた。豪雨と渡りに向かない寒風がテキサスの平原を襲い、膨大な数の蝶たちは体温を保つため身を寄せ合った。

「空腹の心配はありませんが、まずは天候が回復するまで落ち着ける場所を見つけなくてはいけません」と、ジャーニー・ノースの協力者でテキサス州グレンハイツ在住のデイル・クラークは投稿した。二〇一八年一〇月一四日のことだ。「このひどい寒波が収まり、雨がやんだら何が起こるのか、見届けたいと思います」

そして感謝祭の直前、観察報告が舞い込みはじめた。「平均で一分に一〇頭は見かける」と、メキシコのケレタロからの報告があった。オオカバマダラはバジェ・デ・ブラボに到着し、山中の各地に散らばっていった。最初の到着報告は早くも一一月七日に届いていて、米国が感謝祭を迎える頃には、オオカバマダラの個体数は順調に、相当な規模に膨れ上がっていた。

テイラーは半年前、北への渡りが始まる時期に、すでにこの結果を予測していた。

エピローグ　メキシコ山中にて

地球を支配する小さきものたちに目を向けよう。
——E・O・ウィルソン

午前一〇時きっかりにねぐらから出てきたオオカバマダラは、土砂降りのようにわたしの頭に降り注いだ。きらめく色彩がごちゃまぜになったパレット。幻想的だが、まぎれもなく現実だ。オオカバマダラの川は山の渓流を越え、森を抜けて下り、陽だまりに流れ込んでわたしを取り囲んだ。わたしはかれらの一部になった。

またしても圧倒された。

自分は無感動な人間だと思っていた。七〇歳を目前にして、わたしは世界を駆けめぐる冒険をひと通り、あれもこれもやり尽くしたつもりだった。二〇代の頃は馬に乗ってアフリカを旅し、合衆国海兵隊と一緒にサハラ砂漠の砂丘を駆けた。三〇代のとき、オケフェノキー湿地を一週間カヌーでまわり、旅行作家としてのキャリアに踏み出した。ゾウに乗り（乗り心地は最高とはいえない）、ラクダに乗り（断じておすすめしない）、米国の有名なバイクロードの数々を走破し、化石がたくさん埋まっているプロヴァンスの丘を歩き、モンゴルの野生馬と歩いた。

本書のリサーチの締めくくりとしてメキシコ山中に向かうわたしは、別世界のような体験を期待してはいなかった。蝶ならこの二年間たくさん見てきた。オオカバマダラはとくに大量に。再び太陽と色彩の魔法にかかるとは思ってもみなかった。それなのに、わたしは虜になった。

心に響く体験だった。マリア・シビラ・メーリアンならどう感じただろうと、わたしは思った。眩しい山の陽射しの下、わたしはまた、初めてターナーを見たときや、初めてイェール大学で標本箱に収められた蝶を見たときと同じ感動に包まれた。オオカバマダラ生物圏保護区の入口がある頂上付近のエル・ロサリオをめざし、急峻な高山をゆっくりと登っていると、不意に雲が切れ、森がエネルギーと陽射しに満たされた。

蝶たちは途中で舞い降りるのをやめ、登山道の脇の灌木にとまり、翅を広げて日光を浴びた。暖かな陽射しの真ん中で、色とりどりのステンドグラスのが頭上を舞うなかに立ち、わたしはすぐに地元の人々が毎年秋のオオカバマダラの到来を祝う理由を理解した。

はるか北のカナダから、ずっと南下してこの山の頂上に至るオオカバマダラの渡りは、地球上のすべての人にひらかれた世界規模の現象だ。セレンゲティ平原のヌーの大移動のように、あるいは北米西海岸沖のコククジラの回遊のように、誰もがこの喜びを共有できる。

かれらはみな太陽を追っている。わたしたちヒトも、できるならそうするように。

けれども、こうした渡りはひとつ、またひとつと消滅しつつある。リョコウバトの渡りは失われた。北米のバイソンの大移動も消えた。カリブーの大移動も深刻なレベルで縮小している。

そんな状況にあって、アメリアのオオカバマダラはわたしたちの希望だ。陽射しと色彩に酔ったわたしは、再び希望を胸に、山道を登りはじめた。手入れは行き届いていたが、標高は高く、傾斜は急だった。海沿いに暮らしているわたしは、酸素の濃い空気に慣れているのだ。

わたしは何度も休憩をとり、舞い降りる無数の蝶と、登っていくたくさんの人々を眺めた。スペインのサンティアゴ・デ・コンポステーラに向かう巡礼者を思い起こさせた。あるいは、この同じときにメキシコシティに向かう道路を埋めつくしていた、グアダルーペ寺院をめざす巡礼者だろうか。

わたしを追い越して登っていく人々のほとんどは、想像していた米国人観光客ではなく、地元メキシコの人々だった。ある家族のことは鮮明に覚えている。三人か四人の若者たちに支えられながら、ひとりのおじいさんがゆっくりと少しずつ、見渡すかぎりの枝に蝶が休む山頂へと歩みを進めていた。

見るからに苦痛に耐えながら、彼は決然と登っていた。片腕を若い男性の肩に、もう片方を若い女性の肩にまわして、けっして諦めることなく、一歩また一歩と踏み出していく。

「どうして?」と、わたしはホセ・ルイス・パニアグアに尋ねた。ワールドクラスのガイドである彼が、わたしをメキシコシティからここに連れてきてくれた。

家族と先祖に関係しているんです、と彼は説明した。かれらはみな家族で蝶を見にきて、体験を共有したいのだ。どんなに道のりが困難でも、老人は家族の一員でありたいと思い、家族は彼を置いてはいかない。

世代を超え、空間を超え、時間を超えて、蝶はわたしたちを団結させる。かれらは自然の力の象徴だ。てのひらの上の一匹の蝶のなかに、全宇宙がある。ヒトは子どもの頃から蝶を追いかける。大人になると蝶について学び、かれらがいかにこの世界に欠かせない存在かを知る。老いて衰えてもなお、わたしたちは蝶の魅惑の色彩を愛する。

山頂をめざすメキシコのおじいさんとその家族。ウィラメットバレーのアメリアとその母モリー。セネカ＝カユガ族の三一歳のアンドリュー・ゴード。そして命の続くかぎり保全に身を捧げると宣言する、カンザスの八一歳の研究者オーリー・〝チップ〟・テイラー。かれら全員を、オオカバマダラがつないでいる。

蝶は世界中の人々を団結させる。それだけでなく、時代を超え、とてつもなく大胆なマリア・シビラ・メーリアンや、果てしなく思慮深いチャールズ・ダーウィンを、蝶の秘密の解明に挑みつづける現代のたくさんの科学者たちと結びつける。学ぶべきことは、まだまだたくさんある。

「月面に人を送ったあとで、ようやくオオカバマダラがどこへ行くかがわかったんだよ」と、蝶愛好家の友人ジョー・ドウェリーはあるときランチの席で言った。

悲しいことに、数世紀にわたる研究も虚しく、蝶の個体数は減りつつある。それどころか、昆虫と呼ばれる分類群全体が深刻な個体数減少に見舞われていると、研究者は指摘する。確かに当たり年もあるだろう。これを書いているいまも、ヒメアカタテハが雲のように群れをなして東半球と西半球の分布域の北限に現れたことを、モニタリング参加者たちが祝っているところだ。だが、確率的な増減はあるにせよ、全体の傾向は明らかに右肩下がりだ。

原因は何千、何万とあるのだろう。複雑で鬱蒼とした、豊富に蜜をつくる在来種の植物でいっぱいの野原が、アグリビジネスが支配する単一耕作地へと開発される。かつて野花が咲き誇った広大な土地が、一面の芝生に変わる。濫用される殺虫剤が、わたしたちの飲料水までも汚染し、身体の一部と化す。

蝶を追ったこの二年間、わたしはどこにいても気候のカオスに遭遇し、計り知れない影響を目の当たりにした。ナボコフが愛したヒメシジミ類のような、固有環境に高度に適応した繊細な蝶は、わたしたちが生きるジェットコースターのような気候のもとではなすすべもない。

蝶が姿を消している理由には、まだわたしたちの知らないものもたくさんあるはずだ。ある研究によれば、特定の地域の道路脇のトウワタを食べて育ったオオカバマダラの幼虫は、そうでない幼虫と比べて体の塩分量が多いという。この違いの原因は、自治体の交通局が冬季に除雪のための塩をまくかどうかにある。わたしたちは、進化を通じた調整と大量絶滅が同時進行する時代をつくりだしつつある。

だが、運命は変えられる。概念実証はすでに済んでいる。ヒメシジミ類の隠れた生活様式を解明した研究者たちは、かれらを絶滅の淵から救い出したではないか。強い意志があれば、わたしたちは偉業をなしとげられる。だが、なぜそこまでしなくてはならないのか？

わたしのような古い世代の人間は、豊かな自然の美にあふれた世界を覚えている。新しい季節の訪れとともに、新しい香りや音や景色に出会い、そのたびに自然環境とのつながりがヒトにとっていかに必要不可欠であるか、確信を深めたものだ。

そんな世界は急速に失われつつある。だが、まだ遅くはない。取り戻すことはできる。五歳の女の子が一匹の蝶を空に放つとき、その蝶が越冬地に向かって飛ぶ姿をほかの人々が見かけたとき、わたしが思う本当のバタフライ・エフェクトが発動する。異なる集団に属する、数えきれないほどたくさんの人々が、世代を超えて連帯し、わたしたちみなが属する自然界の小さく美しいかけらを守るため、力を合わせるのだ。

謝辞

　数百年にわたる蝶と人類の歴史を俯瞰する作業において、わたしは見知らぬ人たちの善意に完全に頼りきりだった。研究者、シチズン・サイエンティスト、歴史家、著作家、それにただ鱗翅目を愛する人々。本書に取りかかった時、見知らぬ人たちがどのくらい関心をもって、自身の仕事について語ってくれるか不安だった。最初はいつだってそういうものだ。

　わたしは圧倒されるほどの親切に出くわした。人々はわたしのために丸一日、時には何日も費やしてくれた。研究者たちは自身の研究について何時間も説明してくれたうえ、それでもわたしの理解が追いつかない時には、再び機会を設けてくれた。わたしが科学ジャーナリストとして仕事を始めた四〇年前から、科学の世界はずいぶん様変わりした。当時の「著名」研究者の多くは、わたしや一般大衆とのやりとりに時間を費やすことを嫌がったものだ。

　かれらはとくに本書のリサーチの段階で、底なしの親切心を発揮してくれた。こと鱗翅目に関しては、研究者から愛好家まで、誰もがコミュニケーションへの熱意に満ちていた。以下に挙げる方々には、とくにお世話になった。アメリア・ジェブセックと母親のモリーは、灼けるような暑さのなか農地や湿地をドライブして回り、ウィラメットバレーの生態系について詳しく説明してくれた。デヴィッド・ジェームズは研究についてたびたび電話で話し、また二度にわたって直接会ってくれた。キングストン・レオンに自身のオオカバマダラ復活プロジェクトの数々を見せてもらえたのは、じつに栄誉なことだった。アドリアーナ・ブリスコー、ジョシュ・ヘプティグ、アヌラグ・アグラワル、マシュー・レーナート、ジェニファー・ザスペル、コンスタンティン・コーネフ、ピーター・アドラー、ウォーレンとローリーのホールジー夫妻、マイケル・エンゲル、ニール・ギフォード、ハーバート・メイヤー、リカルド・ペレス＝デラフエンテ、コンラッド・ラバンデイラ、スーザン・バッツ、クリス・ノリス、ジム・バークレー、グウェン・アンテル、ジェシカ・グリフィス、ミア・モンロー、パトリック・ゲラ、スティーヴ・レパート、キャシー・フレッチャー、ヒュー・ディングル、ミカ・フリードマン、ヘラルド・タラベラ、ニパム・パテル、リチャード・プラム、ラディスラフ・ポティライロ、リンカーン・ブラウワー、カレン・オーバーハウザー、エリザベス・ハワード、ゲイル・ステフィ、アンドリュー・ゴード、チップ・テイラー、ジョー・ドウェリー、ケイト・ハンター、リンダ・カッペン、スティーヴ・マルコム、ジェフ・グラスバーグ、シェリル・シュルツ、それにわたしの訪ねる先々で嬉々として自身の情熱を語ってくれた多くの蝶愛好家の方々にお礼を申し上げる。

Simon & Schuster の担当者の方々にも感謝している。レベッカ・ストロベル、モリー・グレゴリー、カリン・マーカス、ケイリー・ホフマン。すばらしいカバーデザインを手がけてくれたマス・モナハン、エージェントのミシェル・テスラー、傑出したコピーエディターであり友人のアニー・ゴットリーブ。サリーアン・マッカーティンは、数十年の出版業界経験から貴重なアドバイスをくれた。

すてきな写真を撮ってくれた夫のグレッグ・オーガーにも心からありがとうと言いたい。

最後に、地球上のすべての生き物を慈しむその優しさで、たくさんの人々に多大な影響を与えた、デニース・マケヴォイにとびきりの感謝を捧げたい。

原注

* Michael S. Engel, *Innumerable Insects: The Story of the Most Diverse and Myriad Animals on Earth* (New York: Sterling, 2018), xiii.

序章

（1）Wassily Kandinsky, *Concerning the Spiritual in Art* (Munich, 1911).

第1部　過去

第1章　ゲートウェイ・ドラッグ

（1）Richard Fortey, *Dry Storeroom No. 1: The Secret Life of the Natural History Museum* (New York: Alfred A. Knopf, 2008), 55.（『乾燥標本収蔵1号室：大英博物館迷宮への招待』渡辺政隆・野中香方子訳、ＮＨＫ出版、二〇一一年）

（2）ハーマン・ストレッカーに関する情報は豊富に見つかるが、彼の人格についてもっとも踏み込んだ議論がなされているのは以下：William R. Leach, *Butterfly People: An American Encounter with the Beauty of the World* (New York: Pantheon, 2013).

（3）Leach, *Butterfly People*, 61.

（4）Leach, 61.

（5）Leach, 199.

（6）Fortey, *Dry Storeroom No. 1*, 43.

（7）Jim Endersby, *Imperial Nature: Joseph Hooker and the Practices of Victorian Science* (Chicago: University of Chicago Press, 2008), 54.

（8）Walt Whitman, *Specimen Days and Collect* (1883; repr. New York: Dover Publications, 1995), 121; quoted in Leach, Butterfly People, xviii*n*9

（9）Christopher Kemp, *The Lost Species: Great Expeditions in the Collections of Natural History Museums* (Chicago: University of Chicago Press, 2017), xv.
（10）David Grimaldi and Michael S. Engel, *Evolution of the Insects* (New York: Cambridge University Press, 2005), 1.
（11）Grimaldi and Engel, *Evolution of Insects*, 1.
（12）Grimaldi and Engel, 4.
（13）Michael Leapman の著書 *The Ingenious Mr. Fairchild: The Forgotten Father of the Flower Garden* (New York: St. Martin's Press, 2001) は魅力的な本だ。原書は英国で刊行され、花に男性器と女性器があるというおぞましい発見をめぐる恐慌と論争をとりあげている。

第2章　ウサギの穴へ

（1）Destin Sandlin, Deep Dive Series #3: “Butterflies,” *Smarter Every Day*（教育動画チャンネル）http://www .smartereveryday.com/videos.
（2）ダーウィンは数限りない書簡を残したが、これはそのなかでももっとも有名なもののひとつ。昆虫にまつわる疑問のみならず、彼の私生活の親しみやすい一面が垣間見えるためだろう。ダーウィンの書簡はほぼすべてオンラインで公開されている。この手紙は以下で全文を読むことができる：https://www.darwinproject.ac.uk/letter/DCP-LETT-3411.xml
（3）レーナートは現在オハイオ州カントンにあるケント州立大学スターク校で教育・研究に従事している。次に挙げたのは彼が発表した数多くの論文のひとつ：Valerie R Kramer, Kristen E Reiter, Matthew S Lehnert, "Proboscis Morphology Suggests Reduced Feeding Abilities of Hybrid Limenitis Butterflies (Lepidoptera: Nymphalidae)", *Biological Journal of the Linnaeus Society* 125, no. 3 (2018):535-46; https://academic.oup.com/biolinnean/article-abstract/125/3/535/5102370.
（4）Jennifer Zaspel et al., “Genetic Characterization and Geographic Distribution of the Fruit-Piercing and　Skin-Piercing Moth Calyptra thalictri Borkhausen (Lepidoptera: Erebidae),” *Journal of Parasitology* 100, no. 5 (2014): 583–91.
（5）Harald W. Krenn, “Feeding Mechanisms of Adult Lepidoptera: Structure, Function, and Evolution of the Mouthparts,” *Annual*

Review of Entomology 55 (2010): 307–27, https://www.ncbi.nlm.nih.gov/pmc/articles/PMC4040413/.

（6）アドラーとコーネフはいずれも現在クレムソン大学に在籍し、昆虫の吻に関する研究を発表しつづけている。

（7）コンスタンティン・コーネフとの私信。

（8）ジェニファー・ザスペルとの私信。

（9）マシュー・レーナートとの私信。

第3章　ナンバーワンの蝶

（1）Samuel Hubbard Scudder, *Frail Children of the Air: Excursions into the World of Butterflies* (Boston and New York: Houghton, Mifflin, 1897), 268.

（2）有名なフロリサント化石層国定史跡（https://www.nps.gov/flfo/index.htm）のビジターセンターは情報の宝庫だ。

（3）Herbert W. Meyer の著書 *The Fossils of Florissant* (Washington, DC: Smithsonian Books, 2003)は、三四〇〇万年前のこの地域の生態系全体を見事に概説している。

（4）セオドア・ルクィア・ミードは本来、蝶についての本のなかでもっと大きく取り上げられるべき人物なのだが、残念ながら本書ではそれができなかった。彼は蝶と植物を愛した。フロリダにあるウィンターパークのミード植物園は彼にちなんで命名された。フロリサント化石層の発見者とする記述もあるが、もちろんこれは不正確で、多くの人々が以前から知っていた。彼の役割は大量のサンプルをハーバードのサミュエル・スカッダーに送ったことで、スカッダーが発見を世界に知らしめた。

（5）Kirk Johnson and Ray Troll (illustrator), *Cruisin' the Fossil Freeway: An Epoch Tale of a Scientist and an Artist on the Ultimate 5,000-Mile Paleo Road Trip* (Golden, CO: Ful- crum, 2007), 180.

（6）Meyer, *Fossils of Florissant*, 15–17.

（7）"A Celebration of Charlotte Hill's 160th Birthday," *Friends of the Florissant Fossil Beds Newsletter* 2009, no. 1 (April 2009): 1.

（8）ハーバート・メイヤーとの私信。メイヤーは長年にわたり、科学史から抜け落ちたヒルの功績に光をあてようと努めてきた。女性であり、また正式な資格をもたずに研究してきたために正当な評価を受けられなかったのだと、彼は考えている。彼は精力的に著作を発表しており、以下はそのひとつ：Estella B. Leopold and Herbert W. Meyer, *Saved in Time: The Fight to Establish Florissant Fossil Beds National Monument, Colorado* (Albuquerque: University of New Mexico Press, 2012).

(9) William A. Weber, *The American Cockerell: A Naturalist's Life, 1866–1948* (Boulder: University Press of Colorado, 2000), 62.

(10) Samuel H. Scudder, "Art. XXIV.—An Account of Some Insects of Unusual Interest from the Tertiary Rocks of Colorado and Wyoming," in *Bulletin of the United States Geological and Geographical Survey of the Territories*, ed. F. V. Hayden, vol. 4, no. 2 (Washington, DC: Government Printing Office, 1878): 519.

(11) Liz Brosius, "*In Pursuit of Prodryas persephone*: Frank Carpenter and Fossil Insects," *Psyche: A Journal of Entomology* 101, nos. 1–2 (January 1994): 120.

(12) ハーバート・メイヤーとの私信。

(13) David Grimaldi and Michael S. Engel, *Evolution of the Insects* (New York: Cambridge University Press, 2005), 87.

(14) エステラ・レオポルドとハーバート・メイヤーは短い著書*Saved in Time*のなかで、このかけがえのない土地がいかに不動産投機の手を逃れ、科学と一般大衆のために保存されたかを詳細に論述している。ある土地の歴史を丹念に追った本はわたしの大好物だ。時に当たり前のものと思われがちな公有地について、どんな経緯でそうなったかを知るのはきわめて重要だ。

(15) Leopold and Meyer, xxiv, 45.

(16) Leopold and Meyer, 76.

(17) Leopold and Meyer, xxvi.

(18) このすばらしい化石産出地域に関するわたしのお気に入りの一般書は以下：Lance Grande, *The Lost World of Fossil Lake: Snapshots from Deep Time* (Chicago: University of Chicago Press, 2013).

第4章　目も眩むほどの輝き

(1) G. Evelyn Hutchinson, quoted in Naomi E. Pierce, "Peeling the Onion: Symbioses between Ants and Blue Butterflies," in *Model*

Systems in Behavioral Ecology: Integrating Conceptual, Theoretical, and Empirical Approaches, ed. Lee Alan Dugatkin (Princeton, NJ: Princeton University Press, 2001), 42.

（2）長く忘れられてきた、母であり主婦でもあったこの天才は、近年英語圏でかなりよく知られるようになったが、著作のほとんどが英語に翻訳されていないため、今なおどこか謎めいている。こうした状況は一九九〇年代から変わりはじめた。きっかけのひとつは、歴史家ナタリー・ゼーモン・デーヴィスが著書 *Women on the Margins: Three Seventeenth-Century Lives* (Cambridge, MA: Harvard University Press, 1995)（『境界を生きた女たち：ユダヤ商人グリックル、修道女受肉のマリ、博物画家メーリアン』北原恵・坂本宏・長谷川まゆ帆訳、平凡社、二〇〇一年）でメーリアンを取り上げたことだった。その後、生物学者のケイ・エスリッジがメーリアンを生態学の祖とみなす動きを主導し、以下のような論考を発表してきた："Maria Sibylla Merian: The First Ecologist?," in *Women and Science*: 17th Century to Present: Pioneers, ed. Donna Spalding Andréolle and Véronique Molinari, 35–54 (Newcastle upon Tyne, UK: Cambridge Scholars, 2011), http://public.getrysburg.edu/~ketherid/merian%201st%20ecologist.pdf; "Maria Sibylla Merian and the Metamorphosis of Natural History," *Endeavour* 35, no. 1 (March 2011): 16–22, https://www.sciencedirect.com/science/article/pii/S0160932710000700. 二〇一四年五月、メーリアンに関する初の学会が開催され、エスリッジは中心的な役割を果たした。彼女は現在、メーリアンの作品の英訳に取り組んでいる。

（3）マイケル・S・エンゲルとの私信。

（4）当時の人々にとって、イモムシが蛹を経て蝶になるという一見明白なつながりを理解するのがいかに難しかったかにまつわる、興味深くよくまとまった論考は以下で読むことができる：Matthew Cobb, *Generation: The Seventeenth-Century Scientists Who Unraveled the Secrets of Sex, Life, and Growth* (New York: Bloomsbury, 2006); quote, 134.

（5）Cobb, *Generation*, 222.

（6）メーリアンに関する英語で書かれたすぐれたエッセイは、二〇一六年にオランダの出版社 Lannoo Publishers が復刊にこぎつけた、メーリアンの *Metamorphosis Insectorum Surinamensium* で読むことができる。現代版は書店かオンラインで注文可。メーリアンのオリジナルとまったく同じサイズで、図の再現度もすばらしい。メーリアンが図に添えたエッセイは、オランダ語と英語訳の両方で読むことができる。復刻版の冒頭には、ケイ・エスリッジをはじめ、メーリアン研究の第一人者たちによるエッセイが掲載されている。また巻末にはその他の原書（あまり多くなく、ほとんどは解体されて単体で販売されてしまった）と収蔵先のリストがある。

（7）Gauvin Alexander Bailey, "Books Essay: Naturalist and Artist Maria Sibylla Merian Was a Woman in a Man's World," *The Art Newspaper*, April 1, 2018, https://www.theartnewspaper.com/review/bugs-and-flowers-art-and-science.

（8）David Attenborough et al., *Amazing Rare Things: The Art of Natural History in the Age of Discovery* (2007; repr. New Haven, CT: Yale University Press, 2015).

（9）Zemon-Davis, *Women on the Margins*, 141.

（10）昆虫学者マイケル・S・エンゲルの著書 *Innumerable Insects: The Story of the Most Diverse and Myriad Animals on Earth* (New York: Sterling, 2018) はよくまとまっていて読みやすく、昆虫学の礎を築いたメーリアンに多くの分量を割いている。引用箇所は九六頁に彼女の手によるイラストとともに掲載されている。

（11）Etheridge, "Maria Sibylla Merian: The First Ecologist?"

（12）この話はリチャード・プラムの著書 *The Evolution of Beauty: How Darwin's Forgotten Theory of Mate Choice Shapes the Animal World—and Us* (New York: Doubleday, 2017).（『美の進化：性選択は人間と動物をどう変えたか』黒沢令子訳、白揚社、二〇二〇年）でも述べられている。

（13）この仮説は、著名な昆虫学者トーマス・アイズナーが逝去する直前の二〇〇七年に以下のエッセイで提唱した："Scales: On the Wings of Butterflies and Moths," *Virginia Quarterly Review* 82, no 2 (Spring 2006), https://www.vqronline.org/vqr-portfolio/scales-wings-butterflies-and-moths.

（14）ニパム・パテルとの私信。

（15）この的確な比喩はイェール大学のリチャード・プラムによるもの。

（16）Alan H. Schoen, "Infinite Periodic Minimal Surfaces without Self-Intersections," NASA Technical Note D-5541 (Washington, DC: NASA, 1970).

（17）Zongsong Gan et al., "Biomimetic Gyroid Nanostructures Exceeding Their Natural Origins," *Science Advances* 2, no. 5 (2016): e1600084, https://advances.sciencemag.org/content/2/5 /e1600084.full.

（18）"Butterflies Are Free to Change Colors in New Yale Research," *Yale News*, August 5, 2014, https://news.yale.edu/2014/08/05/butterflies-are-free-change-colors- new-yale-research.

第5章　チャールズ・ダーウィンを救った蝶

（1）これらのフレーズは *The Voyage of the Beagle*（『ビーグル号航海記』）からの引用で、多くの版がある。ダーウィンの初のヒット作であるこの冒険記は、一般読者を想定しており、とても読みやすい。わたしに言わせれば、ヨハン・ダヴィット・ウィースの『スイスのロビンソン』や、ロバート・ルイス・スティーヴンソンの『宝島』といった同時代の冒険小説と比べてもまったく遜色ない出来だ。

（2）ヘンリー・ウォルター・ベイツも自身の冒険記 *The Naturalist on the River Amazons*（『アマゾン河の博物学者』）を一九〇五年に上梓した。彼は科学に多大な貢献を果たしたが、残念ながら決定版といえる伝記はいまだ書かれていない。英国の作家アンソニー・クローフォースの著書 *The Butterfly Hunter: The Life of Henry Walter Bates* (Buckingham, UK: University of Buckingham Press, 2009) は魅力的な作品だが、ベイツと同じくらい著者自身の南米探検に分量が割かれている。ショーン・B・キャロルの *Remarkable Creatures: Epic Adventures in the Search for the Origin of Species* (Boston: Houghton Mifflin Harcourt, 2009) は、ベイツの業績を一般読者向けに解説しており、またほとんどのダーウィンの伝記ではベイツについても多くが語られている。とはいえ、やはり彼の伝記は必要だと思う。

（3）T. V. Wollaston, "[Review of] *On the Origin of Species* [. . .]," *Annals and Magazine of Natural History* 5 (1860): 132–43, http://darwin-online.org.uk/content/frameset?itemID=A18&viewtype=text&pageseq=1.

（4）ダーウィンの伝記の多くは、彼が自身のアイディアを公表することに不安を抱いていた事実を取り上げている。ダーウィン研究家で伝記作家のジャネット・ブラウンの二作品目である *Charles Darwin: The Power of Place* (New York: Alfred A. Knopf, 2002) はこのテーマに関する最良の情報源だ。エイドリアン・デズモンドとジェームズ・ムーアの *Darwin: The Life of a Tormented Evolutionist* (reprint ed., New York: Norton, 1994)（『ダーウィン1・2』渡辺政隆訳、工作舎、一九九九年）もそれに匹敵するくらいすばらしい。

（5）ベイツからダーウィンへの書簡、一八六一年三月二八日。Darwin Correspondence Project, https://www.darwinproject.

ac.uk/letter /DCP-LETT-3104.xml.

(6) Charles Darwin, "[Review of] 'Contributions to an Insect Fauna of the Amazon Valley,' by Henry Walter Bates [. . .]," *Natural History Review* 3 (April 1863): 219–24.

(7) この重要なブレイクスルーに関する文献は多い。包括的かつ読みやすいものとしては、ショーン・キャロルの *Remarkable Creature* の第四章 "Life Imitates Life" をおすすめする。

(8) ベイツからダーウィンへの書簡、一八六一年三月二八日。

(9) *Transactions of the Linnean Society* 23 (November 1862): 495, https://archive.org/details/contributionstoi00bate/page/502.

(10) Darwin, review of Bates, "Contributions."

(11) アルバート・ブリッジス・ファーンからダーウィンへの書簡、一八七八年一一月一八日。http://www.darwinproject.ac.uk/letter/DCP-LETT-11747.xml.http://

(12) Browne, *Charles Darwin: The Power of Place*, 226.

(13) フリッツ・ミュラーもダーウィンと同時代の科学者であり、彼についても英語での包括的な伝記が待たれる。ミュラーの人柄と彼の研究の重要性については、Peter Forbes, *Dazzled and Deceived: Mimicry and Camouflage* (New Haven, CT: Yale University Press, 2009) に簡潔にまとめられている。

(14) Forbes, *Dazzled and Deceived*, 41.

(15) サンショクツバメプロジェクトは「北米でもっとも長く続く野外鳥類調査のひとつ」であり、一九八〇年代から継続中だ。ブラウン夫妻が率いる研究チームは、数々の発見を通じて進化のしくみに関する深い洞察や、魅力的なツバメの生活様式についての知見をもたらしている。チャールズ・ダーウィンがもし生きていたら、かれらのプロジェクトを絶賛するだろう。詳細は以下のウェブサイトで：http://wwwcliffswallow.org/.

(16) この話はいまだにさまざまな形で取り上げられており、シンプルな科学の成果が政治問題化されることでばかげた状況に陥る最たる例といえる。長い間、この研究は広く受け入れられていたが、やがて反進化論者たちが、蛾の進化を証明した結果は捏造だと批判しはじめた。白黒つけるため、英国の研究者マイケル・マジェルスは二〇〇一年に長期進化研究を開始した。マジェルスは論文刊行前の二〇〇九年に亡くなったが、共同研究者たちがプロジェクトを完遂し、「カモフラージュと鳥による捕食」が自然淘汰のメカニズムとして蛾の体色変化を促したことを決定的に裏付けた。論文は以下で読むことができる：https://royalsocietypublishing.org/doi/full/10.1098/rsbl.2011.1136.

（17）Rae Ellen Bichell, "Butterfly Shifts from Shabby to Chic with a Tweak of the Scales," NPR, August 7, 2014, https://www.npr.org/2014/08/07/338146490/butterfly-shifts-from-shabby-to-chic-with-a-tweak-of-the-scales.

（18）ベイツから弟への書簡、以下の引用より：Crawforth, *Butterfly Hunter*, 93.

第2部　現在

第6章　アメリアの蝶

（1）Robert Frost, "Blue-Butterfly Day," from *New Hampshire* (New York: Henry Holt, 1923).

（2）Edward O. Wilson, *Half-Earth: Our Planet's Fight for Life* (New York: Liveright / Norton, 2016), 111.

（3）Fred A. Urquhart, "Found at Last: The Mon- arch's Winter Home," *National Geographic* 150 (August 1976): 160–73, http://www.ncrcd.org/files/4514/1150/3938/Monarch_Butterflies_Found_at_Last_the_Monarchs_Winter_Home_-_article.pdf

（4）アメリアのオオカバマダラの旅はインターネット上で詳述されている。以下はそのごく一部：https://ucanr.edu/blogs/blogcore/postdetail.cfm?postnum=27559. https://news.wsu.edu/2018/06/25/monarch-butterfly-migration/.

（5）デヴィッド・ジェームズは自身が運営するFacebookページ「Monarch Butterflies in the Pacific Northwest（太平洋岸北西部のオオカバマダラ）」を通じ、追跡プロジェクトの進捗報告をしている。

第7章　オオカバマダラのパラソル

（1）Robert Michael Pyle, quoted in Sandra Blakeslee, "Butterfly Seen in New Light by Scientists," *New York Times*, November 28, 1986, A27.

（2）生態学者のアンディ・デイヴィスは、蝶が大音量の騒音に対してストレス反応を示す可能性を予備的研究で示した。デイヴィスは、数日にわたり絶え間ないストレスにさらされた幼虫の心拍数が上昇し、研究チームの数名が幼虫に噛まれたと報告した。https://www.upi.com/Science_News/2018/05/10/Highway-noise-alters-monarch-butterflys-stress-response-could-affect- migration/5861525973774/.

（3）キングストン・レオンはオオカバマダラの飼育に関する実践的な論文を数多く発表している。以下はその一部：https://works.bepress.com/kleong/　http://www.tws-west.org/westernwildlife/vol3 /Leong_WW_2016.pdf.

第8章　ハネムーン・ホテル

（1）Carlos Beutelspacher, *Las Mariposas entre los Antiguous Mexicanos* [Butterflies of Ancient Mexico], quoted in Karen S. Oberhauser, "Model Programs for Citizen Science, Education, and Conservation: An Overview," in *Monarchs in a Changing World: Biology and Conservation of an Iconic Butterfly*, ed. Karen S. Oberhauser, Kelly R. Nail, and Sonia Altizer (Ithaca, NY: Comstock / Cornell University Press, 2015), 2.

（2）Miriam Rothschild, quoted in Sharman Apt Russell, *An Obsession with Butterflies: Our Long Love Affair with a Singular Insect* (New York: Basic Books, 2003), 29.

（3）Anurag Agrawal, *Monarchs and Milkweed: A Migrating Butterfly, A Poisonous Plant, and Their Remarkable Story of Coevolution* (Princeton, NJ: Princeton University Press, 2017), 4.

（4）Lincoln Brower, transcript of interview by Christopher Kohler, March 14, 1994, Oral History, University of Florida Digital Collections, 11, http://ufdc.ufl.edu/UF00006168/00001.

（5）Darwin, *The Life and Letters of Charles Darwin, Including an Autobiographical Chapter*, ed. Francis Darwin, vol. 1 (1887; New York: D. Appleton, 1897; facsimile ed., High Ridge, MO: Elibron Classics / Adamant Media, 2005), 43.

（6）Nabokov, quoted in Robert H. Boyle, "An Absence of Wood Nymphs," *Sports Illustrated*, September 14, 1959, https://www.si.com/vault/1959/09/14/606166/an-absence-of-wood-nymphs.

（7）オオカバマダラの生存がどれだけトウワタに依存しているか、一般読者にもっともわかりやすく解説しているのはアグラワルの*Monarchs and Milkweed*だ。

（8）マイケル・S・エンゲルとの私信。
（9）マイケル・S・エンゲルとの私信。
（10）Miriam Rothschild, "Hell's Angels," *Antenna: Bulletin of the Royal Entomological Society* 2, no. 2 (April 1978): 38–39.
（11）デイム・ミリアム・ロスチャイルドの魅力は抗いがたい。もし彼女が存命なら（二〇〇五年に亡くなった）、わたしは地球の果てまでも会いに行っただろう。幸い、彼女はたくさんの動画インタビューを遺した。BBCが一九九五年に"Seven Wonders of the World（世界七不思議）"シリーズの取材時におこなったインタビューは以下でオンラインで視聴できる：
Part I https://www.youtube.com/watch?v=K2VaTmrsFLg
Part II https://www.youtube.com/watch?v=fec8DCl0hgo
Part III https://www.youtube.com/watch?v=hRYcQmY5aTs
（12）Lincoln Pierson Brower, "Ecological Chemistry," *Scientific American* 220, no. 2 (February 1969), https://www.scientificamerican.com/magazine/sa/1969/02-01/.
（13）わたしがブラウワー博士と電話で長く話したのは、博士が亡くなる数カ月前だった。当時わたしは彼が闘病中であることを知らなかったが、彼の共同研究者からは早めに連絡した方がいいと聞かされていた。わたしたちは博士の研究について深く話し込み、彼はわたしがほかに誰から話を聞くべきか、たくさんアドバイスをくれた。幸運にも出会うことができた研究者たちの献身ぶりと思いやりに、わたしは本当に心打たれた。かれらにとって科学は単なる「仕事」や「天職」ではなく、存在意義そのものなのだ。ニューヨーク・タイムズに掲載されたブラウワー博士の追悼記事は以下：https://www.nytimes.com/2018/07/24/obituaries/lincoln-brower-champion-of-the-monarch-butterfly-dies-at-86.html.

第9章　スカブランド

（1）Miriam Rothschild and Clive Farrell, *The Butterfly Gardener* (1983; reprint ed., New York: Penguin, 1985).
（2）Ellen Morris Bishop, *Living with Thunder: Exploring the Geologic Past, Present, and Future of the Pacific Northwest* (Corvallis: Oregon

State University Press,2014).

（3）デヴィッド・ジェームズは毎年八月の週末にクラブクリークで一般公開タグ付けを実施している。タイミングはカリフォルニアに向かう南への渡り次第。彼がいつイベントを実施するかを知りたければ、ワシントン・バタフライ・アソシエーションのウェブサイトをチェックしよう。活気に満ちたＮＰＯで、専門家だけでなく一般市民のメンバーも随時募集中だ。https://wabutterflyassoc.org/home-page/.

第10章　レインダンス農場にて

（1）オモダカ：http://www.confluenceproject.org/blog/important-foods-wapato/; カマシア：http://www.confluenceproject.org/blog/profound-role-of-camas-in-the-northwest-landscape/.

（2）このデリケートな蝶の復活劇はじつに驚異的だ。回復計画は二〇〇六年一〇月三一日（火）の連邦官報に掲載され、以下で読むことができる：https://www.fws.gov/policy/library/2006/06-8809.pdf.

（3）根っからの蝶依存症で、長く熱っぽい会話を電話で交わしてくれた彼にはおおいに感謝している。おかげで一度は絶滅したと考えられていた蝶の再発見について詳しく聞くことができた。

（4）デヴィッド・ジェームズとの私信。

（5）Cheryl B. Schultz, "Restoring Resources for an Endangered Butterfly," *Journal of Applied Ecology* 38 (2001): 1007–19, https://www.nceas.ucsb.edu/~schultz/MS_pdfs/JAE%20Oct2001.pdf.

（6）英国のラージブルーの復活の物語は、これまでわたしが調べたなかでもっともすばらしいエピソードのひとつだ。研究者と保全従事者の長期にわたるコミットメント、それに次々に現れる障壁にもけっして諦めなかった粘り強さは、地球上の消えゆく生物種のために何かしたいと思う人々にとってのお手本だ。二〇一八年九月一九日、ガーディアン紙はこの蝶についての記事で、「英国の夏の個体数が観測史上最多」となったことを報じた：https://www.theguardian.com/environment/2018/sep/19/uk-large-blue-butterfly-best-summer-record.

（7）この蝶の秘密を解き明かすのにいかに途方もない労力を要したかは、以下のリーフレットから伺える：https://ntlargeblue.files.wordpress.com/2010/06/large-blue-ceh-leaflet0031.pdf.

（8）Matthew Oates, *In Pursuit of Butterflies: A Fifty-Year Affair* (New York: Bloomsbury, 2015), 426.
（9）J. A. Thomas et al., “Successful Conservation of a Threatened Maculinea Butterfly,” *Science* 325, no. 5936 (July 2009): 80–83, https://science.sciencemag.org/content/325/5936/80.
（10）Oates, In Pursuit of Butterflies, 352.

第11章　神秘と驚異の感覚

（1）Vladimir Nabokov, Speak, Memory (rev. & expanded ed., 1967; Everyman’s Library ed., New York: Alfred A. Knopf, 1999), 106.（『記憶よ、語れ：自伝再訪』若島正訳、作品社、二〇一五年）
（2）Nabokov, Speak, Memory, 120.
（3）Nabokov, 75.
（4）Nabokov, 35.
（5）ナボコフの流麗な詩 "On Discovering a Butterfly" より。https://genius.com/Vladimir-nabokov-a-discovery-annotated.
（6）この驚くべき保全プロジェクトの歴史に関する最良の情報源は以下：Jeffrey K. Barnes, *Natural History of the Albany Pine Bush, Albany and Schenectady Counties, New York: Field Guide and Trail Map* (Albany: The New York State Education Department, 2003).
（7）Robert and Johanna Titus, *The Hudson Valley in the Ice Age: A Geological History and Tour* (Delmar, NY: Black Dome Press, 2012).
（8）Carl Zimmer, “Nonfiction: Nabokov Theory on Butterfly Evolution Is Vindicated,” January 25, 2011, https://www.nytimes.com/2011/02/01/science/01butterfly.html.

第3部　未来

第12章　蝶の社会性

（1）私信。

（2） William Leach, *Butterfly People: An American Encounter with the Beauty of the World* (New York: Pantheon, 2013), 167. リーチの記述は以下の直接の観察報告に基づいている：B. D. Walsh and C. V. Riley, "A Swarm of Butterflies," *The American Entomologist* 1, no. 1 (September 1868): 28–29.

（3） リンカーン・ブラウワーが以下の論文で引用した目撃証言より：Understanding and Misunderstanding the Migration of the Monarch Butterfly (Nymphalidae) in North America," *Journal of the Lepidopterists' Society* 49, no. 4 (1995): 304–85.

（4） アーカートの驚きの逸話は繰り返し報じられていて、最初の記事は以下："Found at Last: The Monarch's Winter Home," *National Geographic* 150 (August 1976): 160–73, http://www.ncrcd.org/files/4514/1150/3938/Monarch_Butterflies_Found_at_Last_the_Monarchs_Winter_Home_-_article.pdf. 一九九八年、アーカートと妻ノラは「現代を代表する自然史における偉大な発見」の功績を認められ、カナダ勲章を受賞した。

（5） Urquhart, "Found at Last."

（6） 以下は近年の研究成果を一般読者向けにまとめた好著だ：Russell G. Foster and Leon Kreitzman, Circadian Rhythms: A Very Short Introduction (New York: Oxford University Press, 2017).（『体内時計のミステリー：最新科学が明かす睡眠・肥満・季節適応』石田直理雄訳、大修館書店、二〇二〇年）

（7） S. M. Reppert, "The Ancestral Circadian Clock of Monarch Butterflies: Role in Time- Compensated Sun Compass Orientation," *Cold Spring Harbor Symposia on Quantitative Biology* 72 (2007): 113–18, http://symposium.cshlp.org/content/72/113.full.pdf.

（8） パトリック・ゲラもまた寛容だ。彼はこの複雑な研究についてのわたしの説明が平均的読者にとって読みやすく、また学術的に正しいものになるように、何時間も手助けしてくれた。

（9） 現在は独立しているゲラだが、当時は神経科学者スティーヴン・M・レパートの研究室に所属する大学院生だった。レパートの研究室のウェブサイトでは多数の学術論文が入手できる（例えば以下："Neurobiology of Monarch Butterfly Migration," http://reppertlab.org/media/files/publications/are2015.pdf）。サイトの「ニュース・アウトリーチ」のカテゴリーでは、研究を詳しく解説した長いプレゼンテーション動画も視聴可能。

（10） "Wing Morphology in Migratory North American Monarchs: Characterizing Sources of Variation and Understanding Changes through Time," *Animal Migration* 5, no. 1 (October 2018): 61–73, https://www.degruyter.com/view/j/ami.2018.5.issue-1/ami-

2018-0003/ami-2018 -0003.xml.

（11）https://journals .plos.org/plosone/article?id=10.1371/journal.pone.0001736.

（12）Rick Ridgeway, *The Last Step: The American Ascent of K2* (Seattle, WA: Mountaineers Books, 2014), 161.

（13）タラベラの非常によく整理されたウェブサイトは、彼の研究に関する多数の記事や、理解に役立つたくさんの動画を掲載している：http://www .gerardtalavera.com/research.html.

（14）Hugh Dingle, *Migration: The Biology of Life on the Move* (New York: Oxford University Press, 2014),14.

第13章　爆発するエクスタシー

（1）Adriana D. Briscoe, "Reconstructing the Ancestral Butterfly Eye: Focus on the Opsins," *Journal of Experimental Biology* 211, part 11 (June 2008): 1805–13, https://www.ncbi.nlm.nih.gov/pubmed/18490396.

（2）Matthew Teague, "Inside the Murky World of Butterfly Catchers," *National Geographic*, August 2018, https://www.nationalgeographic.com/magazine/2018/08/butterfly-catchers-collectors-indonesia-market-blumei/.

（3）Field Notes Entry, "Smuggler of Endangered Butterflies Gets 21 Months in Federal Prison," U.S. Fish and Wildlife Service Field Notes, April 16, 2007, https://www.fws.gov/FieldNotes/regmap.cfm?arskey=21159&callingKey=region&callingValue=8.

（4）眼の進化をテーマにした文献は多数ある。わたしが参照したのは以下：Thomas W. Cronin et al., Visual Ecology (Princeton, NJ: Princeton University Press, 2014), https://academic.oup.com/icb/article/55/2/343/750252. Michael F. Land による *Eyes to See: The Astonishing Variety of Vision in Nature* (New York: Oxford University Press, 2018) は網羅的で、より一般読者にとってとっつきやすい。

（5）脳が色をどう処理するかに関するすばらしい議論が展開されている、ノーベル賞受賞者のエリック・R・カンデルによる *Reductionism in Art and Brain Science: Bridging the Two Cultures* (New York: Columbia University Press, 2016)(『なぜ脳はアートがわかるのか：現代美術史から学ぶ脳科学入門』（高橋洋訳、青土社、二〇一九年）は必読だ。この本は簡潔で理解しやすく、視覚に関する豊富な知見が、芸術作品そのものと、わたしたちがそれらに魅せられる理由についての著者の理論を裏打ちしている。

（6）近年、美と生存の関係を掘り下げた本が多数出版されている。わたしが読んだなかでは、以下の二つがきわめて有用だった：Richard O. Prum, *The Evolution of Beauty: How Darwin's Forgotten Theory of Mate Choice Shapes the Animal World—and Us* (New York: Doubleday, 2017)（『美の進化：性選択は人間と動物をどう変えたか』黒沢令子訳、白揚社、二〇二〇年）；Michael Ryan, A *Taste for the Beautiful: The Evolution of Attraction* (Princeton: Princeton University Press, 2018)（『動物たちのセックスアピール：性的魅力の進化論』東郷えりか訳、河出書房新社、二〇一八年）

（7）Kandel, *Reductionism.*

（8）Kentaro Arikawa, "The Eyes and Vision of Butterflies," *Journal of Physiology* 595, no. 16 (August 2017): 5457–64, https://www.ncbi.nlm.nih.gov/pmc/articles/PMC5556174/.

（9）"Color Vision and Learning in the Monarch Butterfly, Danaus plexippus (Nymphalidae)," *Journal of Experimental Biology* 214 (2014): 509–20, http://jeb.biologists.org/content/214/3/509.

（10）昆虫学者アドリアーナ・ブリスコーが率いる研究室は、蝶、とくにオオカバマダラが複雑な視覚をどう利用しているかの解明に献身的に取り組んでいる。詳しくは以下の研究室のウェブサイトへ：http://visiongene.bio.uci.edu/Adriana_Briscoe/Briscoe_Lab.html.

第14章　バタフライ・ハイウェイ

（1）https://monarchjointventure.org

（2）https://journeynorth.org

（3）https://thewilds.columbuszoo.org/home

（4）https://tapconnection.org

（5）https://www.monarchwatch.org

写真クレジット

1 Greg Auger
2 Greg Auger
3 Matthew Lehnert
4 Matthew Lehnert
5 Ryan Null and Nipam Patel
6 Ryan Null and Nipam Patel
7 Greg Auger
8 Greg Auger
9 Greg Auger
10 Greg Auger
11 Greg Auger
12 Copyright Carol Kornassa, Photographer
13 Greg Auger
14 Greg Auger
15 Greg Auger
16 Greg Auger
17 Greg Auger
18 Greg Auger
19 Greg Auger
20 Greg Auger
21 Holli Hearn
22 Holli Hearn
23 Ryan Null and Nipam Patel
24 Greg Auger
25 Greg Auger
26 Greg Auger
27 Greg Auger
28 Artwork courtesy of the National Park Service,NPS/HPCC/Rob Wood
29 Courtesy Albany Pine Bush Commission
30 Albany Pine Bush Commission
31 Greg Auger
32 Wikicommons
33 Image number B11797897 8 American Museum of Natural History
34 Image number b11797897 2 American Museum of Natural History

訳者あとがき

本書はWendy Williams "The Language of Butterflies: How Thieves, Hoarders, Scientists and Other Obsessives Unlocked the Secrets of the World's Favorite Insect（Simon & Schuster, 2020）" の全訳です。

著者のウェンディ・ウィリアムズは、米マサチューセッツ州ケープコッド在住のジャーナリスト・著作家。自然や旅行に関する記事やコラムを『ニューヨーク・タイムズ』『ウォール・ストリート・ジャーナル』『ボストン・グローブ』『サイエンティフィック・アメリカン』などに寄稿し、近年は「人類と自然界の必要不可欠な深いつながり」（著者ウェブサイトより）に焦点をあてた著書を発表しています。イカやタコなど頭足類の謎に満ちた生態を描く "Kraken"、人類と馬の切っても切れない関係の歴史を紐解く "The Horse" に続く本書は、七作品目にして初の邦訳です。

数千万年にわたる蝶と顕花植物との共進化や、蝶とほかの生物との相互作用を理解するための手法である生態学のはじまりにスポットを当てる第1部「過去」。開発や気候変動による劇的な環境変化にどうにか対処しようとする蝶の姿を追う第2部「現在」。復元され、あるいは古来から脈々と守られ、あるいは新たな結びつきによって形成された生態系の象徴として、蝶を次の世代に受け継ぐために奮闘する人々の姿を描く第3部「未来」。こうして時間の矢に沿いつつも、蝶にすっかり心を鷲掴みにされた著者の好奇心の赴くまま、花から花へと飛び回るように、本書はさまざまなトピックを行き来します。歴史に名を残す偉大な博物学者からボランティアの市民まで、蒐集家の大富豪から忘れられた稀代の才媛まで、蝶の「沼」にはまった人々の物語はいずれ劣らず魅力的で、自然を愛する読者のみなさんはきっと、時に呆れ、時に驚嘆しつつ、共感できる人物やエピソードに出会えたのではないでしょうか。

子どもの頃に蝶を捕まえたり、絵に描いたりした経験がある人は少なくないはずですが、こうした幼少期の自然体験は、成長したあとの生物多様性保全への意欲にプラスに作用することが多くの研究からわかっています。人間の活動が地球史上六度目の大量絶滅を引き起こしつつある現代において、メッセンジャーである蝶の繊細な翅にかかる重圧は、途方もなく大きくなっているといえそうです。では、子ども時代を逃してしまったら、もうチャンスはないのでしょうか？　そうとは限らないかもしれません。新型コロナウイルスのパンデミックでさまざまな娯楽が奪われるなか、欧米では庭や公園といった身近な場所での自然観察が、感染リスクの小さいささやかな楽しみとして、静かに注目を集めているようです。こうした都市環境では、蒐集欲を満たせるほどたくさんの種がみられることはまれでしょうが、楽しみ方はそれだけではありません。この蝶はいつからここにいたんだろう？　どんな生物と協調し、どんな生物に対抗して進化してきたのか？　行動はどれくらい固定的で、どれくらい柔軟？　そんなたくさんの疑問の「深み」に踏み出すとき、本書が道しるべになることを願っています。

僕自身は今のところ「蝶依存症」ではないのですが、本書がきっかけで意識するようになった結果、翻訳に取り組んでいる間に、日本の蝶が直面する危機に関するいくつものニュースが目に入りました。小笠原諸島に固有のオガサワラシジミは、二〇一八年以降野外での生息が確認されておらず、二〇二〇年八月には生息域外保全の一環として飼育されていた個体群が死に絶え、絶滅した可能性が濃厚となっています。本州中部の高山に分布するミヤマシロチョウは、地球温暖化に伴う好適生息地の縮小、シカによる食草の食害などが原因で、かつての分布域の八ヶ岳連峰で姿を消しました。いくつもの条件を満たす限られた場所でしか生きられない蝶は、生態系の変化の影響をまっさきに受ける、いわば「炭鉱のカナリア」なのだと思い知らされます。一方で暗い話題ばかりではなく、オオカバマダラと同様に数千キロメートルの渡りをするアサギマダラは、季節の移ろいを知らせる使者として人々を楽しませ、また市民主体の調査で標識と記録が続けられてきた結果、渡りのパターンの詳細が解明されつつあります。

本書に登場する蝶はヨーロッパや北米に分布する種が中心で、日本国内に分布しない昆虫にはふつう標準和名はないため、多くは英名をそのままカナ表記せざるを得ませんでした。インターネットの検索で画像を探したり、さらに詳しい情報を得やすいよう、原書にはなかった学名を可能なかぎり併記したので、ご活用いただければ幸いです。

本書の翻訳にあたっては、企画の段階から細部の修正に至るまで、青土社編集部の菱沼達也さんに大変お世話になりました。この場を借りて深くお礼申し上げます。

二〇二一年三月
的場　知之

THE LANGUAGE OF BUTTERFLIES;
How Thieves, Hoarders, Scientists, and Other Obsessives Unlocked the Secrets of the World's Favorite Insect
by Wendy Williams

Published by arrangement with the original publisher, Simon & Schuster, Inc., through Japan UNI Agency, Inc., Tokyo

蝶はささやく

鱗翅目とその虜になった人びとの知られざる物語

2021 年 5 月 25 日　第 1 刷印刷
2021 年 6 月 10 日　第 1 刷発行

著者——ウェンディ・ウィリアムズ
訳者——的場知之

発行人——清水一人
発行所——青土社
〒 101-0051　東京都千代田区神田神保町 1-29　市瀬ビル
［電話］03-3291-9831（編集）　03-3294-7829（営業）
［振替］00190-7-192955

印刷・製本——双文社印刷

装幀——今垣知沙子

Printed in Japan
ISBN978-4-7917-7384-8　C0045